植物生长调节剂常见药害症状及解决方案

谭伟明　主编

杜明伟　姜　峰　副主编

化学工业出版社

·北京·

内容简介

本书在简述植物生长调节剂药效影响因素的基础上，结合作者研究团队多年植物生长调节剂研究与生产实践成果，以全彩的形式重点阐述了植物生长调节剂药害种类及症状、植物生长调节剂药害产生的原因、植物生长调节剂药害调查方法、植物生长调节剂药害的补救措施及解决办法等相关知识，内容科学实用，易于读者掌握。

本书适合从事植物生长调节剂生产、管理、使用等相关科技人员阅读，尤其适合广大种植专业户、基层农业技术服务人员、植物生长调节剂销售及推广人员、植物生长调节剂药害管理和鉴定人员阅读，同时也可供从事植物生长调节剂科学研究的农业院校相关专业师生参考。

图书在版编目（CIP）数据

植物生长调节剂常见药害症状及解决方案/谭伟明主编；杜明伟，姜峰副主编. —北京：化学工业出版社，2022.7（2024.6重印）
ISBN 978-7-122-41233-1

Ⅰ.①植…　Ⅱ.①谭…②杜…③姜…　Ⅲ.①植物生长调节剂–植物药害–防治　Ⅳ.①S482.8

中国版本图书馆CIP数据核字（2022）第065262号

责任编辑：刘　军　孙高洁
文字编辑：李娇娇
责任校对：杜杏然
装帧设计：关　飞

出版发行：化学工业出版社
　　　　　（北京市东城区青年湖南街13号　邮政编码100011）
印　　装：盛大（天津）印刷有限公司
880mm×1230mm　1/32　印张7　字数261千字
2024年6月北京第1版第2次印刷

购书咨询：010-64518888　　售后服务：010-64518899
网　　址：http://www.cip.com.cn
凡购买本书，如有缺损质量问题，本社销售中心负责调换。

定　　价：60.00元　　　　　　　　　　版权所有　违者必究

本书编写人员名单

主　编

谭伟明

副主编

杜明伟　姜　峰

编写人员

（按姓名汉语拼音排序）

黄官民　李婷婷　莫　悠
王　召　尹佳茗

植物生长调节剂是由人工合成或发酵提取，低浓度即可影响植物激素合成、运输、代谢及作用，调节植物生长发育的化学物质。自 20 世纪 40 年代以来，植物生长调节剂在农业和园艺生产上的应用越来越广泛，包括从种子萌发到营养生长、生殖发育、成熟和采后保鲜的全过程，也广泛应用于提高作物对低温冷害、高温热害、干旱、盐碱等逆境的抵抗能力。

由于植物生长调节剂的使用技术要求较高，其应用效果和安全性受作物、环境、使用技术、田间管理等多种因素的影响。在大面积推广应用过程中，常出现一些不利于作物生产管理的异常现象。这些异常现象的发生是由多种原因引起的，有的是药剂选择不当，未能充分了解产品性质和作用而选错了产品；或是选用了低价、劣质的"以肥代药"或"三无"产品；有的是没有掌握好应用技术，在不合适的天气（气候）条件下或是在不合适的作物生育期，使用了不合适的剂量和次数或选择不合适的方法而造成的；有的是栽培管理技术不当，如负载量过大、有效叶片数量不足、田间的通风透光程度差、肥水管理不当、未能有效防治病虫害等引起的。如此不科学地使用植物生长调节剂，往往会在生产上引起药害发生。当然，也有一部分的异常现象，如脱叶、催黄、控制生长等，本身就是我们预期的调节植物生长的需要；以及在一定范围内可接受的生长异常，对农作物的生产不会造成显著的产量和品质影响，也不能算是植物生长调节剂的药害。植物生长调节剂引起的药害，有的一旦发生，就不能缓解或恢复；有的通过加强肥水管理及应用植物生长调节剂可以部分缓解或完全恢复；但无论怎样，都应该通过科学合理使用植物生长调节剂来预防药害的发生，减少不必要的影响和损失。

为了让人们充分认识植物生长调节剂药害的表现，了解其药害产生的原因，科学合理地使用植物生长调节剂，避免和减轻药害的产生，特组织编写了本书。本书中的症状表现和解救方法基于编者在推广应用中收集的大量素材。鉴于编者的精力和水平有限，书中难免有疏漏和不当之处，敬请读者批评指正。

感谢四川国光作物调控技术研究院技术人员提供的大量照片和应用技术素材。

编者
2022 年 2 月

目录

第二章 / 014

促进型植物生长调节剂常见药害症状及解决方案

第三章 / 134

延缓型和抑制型植物生长调节剂常见药害症状与解决方案

第一章

植物生长调节剂药害概述

植物生长调节剂是人们根据植物激素的结构、功能和作用原理，人工合成或发酵提取的，能改变植物体内激素合成、运输、代谢及作用，从而调节植物生长发育和生理功能的一大类化学物质。植物生长调节剂包括三种类型：①人工合成或提取的天然植物激素，如吲哚乙酸、赤霉酸、芸苔素类等；②人工合成的植物激素类似物，如萘乙酸、吲哚丁酸、6-苄氨基嘌呤等；③人工合成的、与天然植物激素的结构不同，但具有调节植物生长的活性物质，如甲哌鎓、矮壮素、噻苯隆、乙烯利等。

在 1928 年首次发现生长素后，人工合成的生长素类似物吲哚丁酸、萘乙酸等被用于促进植物扦插生根，这是植物生长调节剂应用的开端。随着其他植物激素的发现和证实，研究开发了许多植物生长调节剂品种，此后植物激素和植物生长调节剂的研究及在农业上的应用异常活跃，发展迅速，取得了巨大的成效。我国在这方面的研究进展很快，特别是在大田作物上的应用有多项技术是世界领先的。截止到 2021 年，我国取得合法农药登记的植物生长调节剂品种有 45 个，共有植物生长调节剂登记产品 1351 个，其中原药 197 个，制剂 1154 个，在 110 种作物上取得了登记，均建立了应用技术。大部分应用技术已经完全成熟，具有明确的生理效应，显著的生产效益和经济效益。其中代表性的、较成熟的植物生长调节剂应用技术见表 1-1（资料来源：中国农药信息网）。

表 1-1 我国当前主要作物上主要应用的植物生长调节剂与功效

使用对象	药剂	使用方法	功效
大豆	多效唑	分枝期喷雾	控制生长
	甲哌鎓混剂	分枝期喷雾	控制生长、增产
番茄	对氯苯氧乙酸钠	花期喷雾	促进坐果
	复硝酚钠	生长期喷雾	促进生长
	乙烯利	果实喷雾或浸渍	催熟
柑橘	赤霉酸及混剂	茎叶喷雾	壮花促果
花卉	甲基环丙烯	熏蒸	保鲜
	多效唑	盛花期喷雾	控制生长
黄瓜	氯吡脲	浸瓜胎	促进坐瓜、增产
梨	赤霉酸及混剂	涂抹果柄	增产
荔枝	复硝酚钠	花穗期喷雾	促花保果
	对氯苯氧乙酸钠	茎叶喷雾	壮花促果
	多效唑	茎叶喷雾	控梢

使用对象	药剂	使用方法	功效
龙眼	赤霉酸及混剂	茎叶喷雾	壮花促果
	多效唑	茎叶喷雾	控梢
猕猴桃	氯吡脲	浸幼果	促进坐果、增产
猕猴桃、苹果等	甲基环丙烯	熏蒸	保鲜
棉花	甲哌鎓	茎叶喷雾	控制生长
	噻苯隆及混剂	茎叶喷雾	脱叶
	乙烯利	茎叶喷雾	催熟
马铃薯	甲哌鎓	茎叶喷雾	控制生长
苹果	赤霉素混剂	茎叶喷雾	调节果形
葡萄	赤霉素	茎叶喷雾	促进生长
	氯吡脲	浸幼穗	促进坐果
	萘乙酸	蘸根	扦插生根
水稻	多效唑	浸种	控制生长
	烯效唑	浸种	控制生长
	芸苔素内酯	茎叶喷雾	促进生长
水稻秧田	多效唑	茎叶喷雾	控制生长
	烯效唑	茎叶喷雾	控制生长
水稻制种田	赤霉酸	茎叶喷雾	增产
西瓜	氯吡脲	浸瓜胎	促进坐瓜、增产
香蕉	乙烯利	果实喷雾或浸渍	催熟
橡胶树	乙烯利	涂抹	促进流胶
小麦	矮壮素	茎叶喷雾	控制生长
	多效唑	茎叶喷雾	控制生长
	芸苔素内酯	茎叶喷雾	促进生长
	甲哌鎓混剂	茎叶喷雾	控制生长
烟草	二甲戊乐灵	杯淋	抑制腋芽
	氟节胺	杯淋	抑制腋芽

使用对象	药剂	使用方法	功效
烟草	仲丁灵	杯淋	抑制腋芽
	乙烯利	茎叶喷雾	催熟
油菜（苗床）	多效唑	茎叶喷雾	控制生长
枣树	赤霉酸	茎叶喷雾	坐果、增产
	萘乙酸	茎叶喷雾	防落花落果
玉米	乙烯利及混剂	茎叶喷雾	控制生长

然而，植物生长调节剂不同于其他杀虫剂、杀菌剂和除草剂等灭生性农药种类，它们直接作用于植物（农作物），通过调节植物生长起到株型修饰、促进根系生长、促进成熟、延缓早衰、促进果实转色、增加产量、改善品质等效果。因此，掌握植物生长调节剂的作用特点和影响因素，对于充分发挥其调节植物生长的功效十分重要。

第一节

植物生长调节剂药效影响因素

植物生长调节剂的种类繁多，功效各异，被植物吸收、运输、钝化、降解与转化的方式也千差万别，对植物生长的调节效应也相差很大。即使药剂种类相同、作物相同，在不同地区、不同季节或采取不同的使用方法，也会产生不同的效果。因此，在使用调节剂时，应根据使用目的，选择适当的药剂种类及剂型，确定使用的时期、浓度（剂量）、施药部位和方法，从而达到预期的目的，使经济效益最大化。

一、药剂因素

（1）调节剂本身质量 选用不同药剂，其效应、强度、机理、理化性质等不同，药剂效果显然会不同。调节剂的产品质量也会影响其效果，有的杂质与有效成分结构类似，也能竞争植物内的结合位点，但生理活性低，甚至对靶标植物有害，这些杂质会降低药效，甚至有副作用。

（2）调节剂的剂型 农药剂型影响药剂存留、吸收、运输、稳定性等，对调节剂的应用效果影响很大，生产上要结合药剂理化性质和应用对象，研制适当剂型。

（3）其他化学品 渗透剂、增效剂、展着剂、抗蒸腾剂等助剂能增加调节剂稳定性，提高吸收和利用效率。

二、作物因素

　　植物（作物）的生育期、生理状态、形态特征等，都会影响植物对调节剂的存留、吸收、敏感性等。不同作物对同种或类似调节剂的敏感性不同，可能与受体数量、分布、特性和信号转导途径有关。即使同种植物，不同品种或生态类型，对调节剂的敏感性也不同。

三、使用技术因素

　　（1）**施用部位**　植物器官与部位的不同，对生长调节剂反应的敏感程度不同。2,4-D 防止番茄落花，促进子房生长，使用浓度 10 ～ 20mg/L，只能涂抹于花上，不能喷雾于叶片和幼芽上，否则会发生药害引起植株畸变。施用赤霉素促进梨树坐果和膨大，处理的部位以果柄为宜，处理果面容易影响果品品质。

　　（2）**使用时期**　植物生长发育阶段的不同，对调节剂反应敏感性不同。新产品建立应用技术时，需要根据施用目的、生育阶段、药剂特性等因素，经过多次试验确定最适宜的用药时期。如乙烯利催熟棉花，在棉田大部分棉铃的铃期达到 45 天以上时，有很好的催熟效果。若使用过早，会使棉铃催熟太快，铃重减轻，甚至幼铃脱落；使用过迟，则催熟的意义不大。

　　（3）**处理浓度、水量和水质**　浓度过低，不能产生应有的调控效果；浓度过高，会破坏植物的正常生理活动，甚至产生药害。常见植物生长调节剂用量的表示方法有使用浓度和单位面积使用量等。规范的是用每公顷使用的药剂有效成分的质量来表示。在对水稀释情况下，单位面积用量（g/hm^2）= 使用浓度（g/kg）× 单位面积用水量（kg/hm^2）。果树的施药处理，通常用使用浓度，即有效成分的质量浓度表示，如 mg/kg。

　　（4）**施用方式和次数**　不同调节剂进入植物体的途径不同，采用的施用方式也有所不同。使用次数也会影响调控效果。

四、环境因素

　　（1）**温度**　在一定的温度范围内，调节剂的效果一般随温度升高而愈加显著。温度升高会加大叶面角质层的通透性，加快叶片对调节剂的吸收；高温条件下，叶片的蒸腾作用和光合作用增强，植物体内的水分和同化物质的运输也较快，有利于调节剂在植物体内的传导。棉花生育后期应用乙烯利催熟时，日最高气温高于 20℃时，乙烯利分解速度加快，效果好；温度低时，分解缓慢，应用效果较差。

　　（2）**湿度**　空气湿度高时，调节剂在叶面上不易干燥，延长了吸收的时间，进入植物体内的量增多，有利于增强应用效果。

（3）光照 阳光下，植物气孔开放，有利于调节剂渗入，也能加快调节剂在植物体内的传导。过强的阳光会引起某些调节剂活性变化，因此不宜在中午阳光过强时喷施调节剂。

（4）其他环境因素 风、雨等均会降低调节剂的应用效果。

（5）栽培管理措施 应用植物生长调节剂要达到理想效果，需要最佳的综合农艺效果（复合效应），必须重视改善环境与栽培措施的配合。应用氯吡脲促进葡萄膨大，必须配合补充肥水以供应足够营养，否则易影响葡萄品质。应用乙烯利防止玉米倒伏效果很好，可以降低株高，增加抗倒伏能力，但单株生物量减少，应配合适当增加密度，才能获得更高产量。

第二节

植物生长调节剂药害发生原因

不合理使用调节剂，不但会造成效果不佳，甚至会发生严重的药害，引起产量损失，品质下降，甚至绝收。药害是一类由于调节剂使用不当而引起的植物形态上和生理上的变态反应。不同植物生长调节剂过量使用、使用方法或使用对象错误，表现的副作用可能会有差异。在通常情况下，使用保花保果剂导致落花落果，使用生长素类调节剂引起植物畸形、叶片产生斑点、枯焦、黄化以及落叶、小果、劣（裂）果等一系列症状；延缓剂用量过大引起植株节间过度缩短、停止生长和产量下降等均属于药害的范畴。

在植物生长调节剂的大面积使用中，作物药害产生的原因多种多样，其中有的是可以避免的，有的则是难以避免的。

一、雾滴挥发与飘移

高挥发性调节剂，如2,4-D等，在喷洒过程中，直径 $< 100\mu m$ 的药液雾滴极易挥发与飘移，致使邻近的敏感作物及树木受害。而且，喷雾器压力愈大，雾滴愈细，愈容易飘移，其雾滴甚至可飘移 $1 \sim 2km$，若采取航空喷洒，雾滴飘移的距离更远。挥发和飘移产生的药害特征随着与处理地块的距离增加而减轻。

二、土壤残留

在土壤中持效期长、残留时间久的调节剂易对轮作中敏感的后茬作物造成伤害，如水稻使用多效唑，对后茬油菜等作物易发生药害。

三、混用不当

有的药剂对部分作物易发生药害，在施药时要特别注意。另外，不同剂型的调节剂在桶混时，要注意是否会破坏药液的物理稳定性，有效成分在药液里析出会造成局部施药浓度过高可能产生药害。

四、药械性能不良或作业不标准

如多喷头喷雾器喷嘴流量不一致、喷雾不匀、喷幅连接带重叠、喷嘴后滴等，造成局部喷液量过多，易使作物受害。近年来发展较快的无人机施药，在起飞和作业结束时，难以保障整个地块喷雾的均匀性，施用调节剂容易引起局部药害。

五、误用

过量使用以及使用时期不当，如在小麦、水稻等作物拔节前使用生长延缓剂，过高剂量容易造成节间过度缩短、停止生长的现象；而在拔节期间使用生长延缓剂，一些较敏感的品种容易幼穗发育不良，造成减产的严重药害。

六、异常不良的环境条件

调节剂处理后，如遇低温、多雨、寡照、土壤过湿等，容易使作物受害而发生药害。柑橘施用防落素保花保果，如果日均气温超过30℃的天气持续时间长，容易导致大量的落花落果，甚至不结果。

七、作物种类和品种

不同作物对调节剂的敏感性不同，甚至同种作物不同品种的敏感性也存在很大差异。乙烯利用于玉米抗倒伏时，有部分品种表现出穗小、秃尖长、产量下降等药害。

第三节

植物生长调节剂药害的分类和症状表现

植物生长调节剂对作物可能会产生不同的药害，由于调节剂的种类、施用时期、施药方法及作物生育期的不同，引起作物不同的生理生化变化，可能产生不同形式的药害症状。根据分类方法的不同，调节剂药害可以分为几个主要类型。

一、按药害的发生时期分类

（1）**直接药害**　调节剂使用不当，对当时、当季作物造成的药害，如马铃薯应用多效唑控制生长，在苗期封垄前、使用浓度超过 500mg/kg、土壤干旱或缺肥时，容易造成植株矮小、生长量不足等药害。

（2）**间接药害**　前茬使用的调节剂残留，引起后茬作物产生的药害；或者飘移到其他作物造成的药害，如多效唑在旱地土壤中残留期较长，容易对后茬双子叶作物产生药害。

二、按药害发生的时间和速度分类

（1）**急性药害**　施药后数小时或几天内即表现出症状的药害。

（2）**慢性药害**　施药后 2 周或更长时间，甚至在作物收获期才表现出症状的药害，如多效唑在控制水稻基部节间时，施药过晚，至水稻抽穗或成熟时才表现出穗短、穗粒数少的症状。

三、按药害症状的表现分类

（1）**隐患性药害**　药害并未在形态上明显表现出来，难以直观测定，但最终造成产量和品质下降，如三唑类药剂用于水稻控制生长防止倒伏时，容易影响幼穗发育，造成穗粒数下降。

（2）**可见性药害**　肉眼可分辨的在作物不同部位形态上的异常表现。调节剂可见性药害主要表现为叶色反常变绿或黄化，生长停滞、矮缩，茎叶扭曲、小叶变形直到死亡。

由于一些植物生长调节剂的作用机理仍然不明确，调节剂的药害具体也表现出多种多样。需要注意的是，由于应用调节剂是调控作物朝着人们预期的方向，有些诸如脱叶、抑芽、催熟等调控目的，并不是调节剂药害的表现。调节剂药害主要症状有以下表现：

① 坏死斑。部分在植物体内传导性差的调节剂，茎叶处理浓度过高时，可能使表皮局部坏死，产生枯斑。坏死斑的药害程度往往与药液的浓度、叶片接受药液雾滴的大小多少有关，接受药剂较多的局部产生坏死斑，这种药害斑一般局限在一定范围，不会继续扩大，而且施药后不会产生新的药害斑。此类药害一般不会危及施药后生出的叶片，对以后的作物发育也无明显影响。药液中加入的某些助剂或非离子表面活性剂，也可能会引起类似药害的症状。

② 畸形。部分生长素和细胞分裂素结构和功能类似物，可以被作物根、茎、叶等吸收，然后通过木质部导管随蒸腾流向地上部传导，或通过韧皮部筛管随同化物流向全株传导。这类调节剂作用部位是所有的分生组织，使用不当容易造成细胞生长异常，导致根、茎、叶畸形，韧皮部堵塞，木质部破坏，作物缓慢死亡。此类药害一般持续时间较长，不仅影响苗期生长，也会影响到拔节、抽穗、开花，造成

拔节抽穗困难，花、穗及果实畸形，药害一旦发生，难以进行补救措施减少损失。

③ 褪绿。褪绿症状的药害，一般容易在除草剂的不合理使用时发生。对于调节剂来说，发生褪绿型药害相对较少，但仍然需要引起重视。除草剂引起作物褪绿时，主要是药剂积累于叶片，抑制光合作用中的希尔反应，褪绿症状会逐渐扩展至整个叶片，最后全株枯死。生产中遇到此类药害，可以通过叶面施肥，补充速效营养，以减轻和缓解药害。

④ 芽生长受抑制。有的植物生长调节剂，可用于种子处理，比如拌种、浸种、包衣等。如果使用不当，包括药剂选择不对、使用剂量过高，可能造成作物出苗过程中发生药害。也可能上茬作物使用了长残留调节剂，引起下茬作物在幼芽出土过程中，从所穿过的土层吸收到残存的调节剂。这类药害主要是种子 α-淀粉酶及蛋白酶的活性受到抑制，影响到了营养物质的正常输送，从而使幼芽和幼根的生长受到影响。可能表现出的症状有胚根细弱弯曲，无须根，生长点变褐，进而死亡。已出土的幼苗心叶扭曲、萎缩，其他叶片皱缩、变黄。

⑤ 生长抑制。根据对植物顶芽生长的影响，植物生长调节剂可以分为促进剂、抑制剂和延缓剂三类，其中后两种处理后，都会引起植物生长抑制或暂时抑制的现象，在合理使用且符合调控目标预期的生长停止或暂停，只要不出现叶片黄化、畸形、扭曲，都属于正常现象，不属于调节剂的药害。植物生长抑制剂通常被用作摘心剂，而植物生长延缓剂用于延缓生长、塑造株型、防止倒伏等。然而，除了一些花卉、草坪草景观，及部分地下根茎类作物外，一定的地上部生物量是保障作物产量的前提基础。因此，敏感作物或品种上过量使用或多次使用延缓剂，可能影响产量器官发育，造成产量下降甚至不能正常抽穗结实的严重后果。根据延缓剂主要抑制内源赤霉素生物合成的作用机理，在出现生长过度控制的药害情况下，及时施用速效肥、喷施赤霉素，并结合灌水可以一定程度上缓解药害，实现补救。

第四节

植物生长调节剂药害调查方法

一、植物生长调节剂药害的调查内容

在诊断植物生长调节剂药害时，仅凭症状还不够，应了解药害发生的原因，因此，调查、收集引起药害的因素是必要的。一般需要分析如下几个方面：

（1）作物栽培和管理情况　调查了解栽培作物的播种期、发育阶段、品种情况，土壤类型、土壤墒情、土壤质地及有机质含量，温度、降水、阴晴、风向、风力、田间化肥、有机肥施用情况，除草剂和植物生长调节剂的种类、用量、施药方法、施用时间。

（2）药害在田间的分布情况　调查植物生长调节剂药害的发生数量（田间药害的发生株率）、发生程度（每株药害的比例）、发生方式（成行药害、成片药害），了解药害的发生与施药方式、栽培方式、品种之间的关系。

（3）药害的症状及发展情况　调查药害症状的表现，如出苗情况、生长情况、叶色表现、根茎叶及芽花果的外观症状；同时，了解药害的发生、发展及植物的死亡过程。

二、除草剂药害程度的调查分级

到目前为止，未见有对植物生长调节剂药害程度的调查分级方法。除了前面讲到的，植物生长调节剂应用于农作物调节生长，具体的功效多种多样，评价是否产生了药害应该根据调控目标来进行。对于以控制生长、脱叶、抑芽、疏花疏果等调控为目标的植物生长调节剂应用，要将其产生的药效与药害区分开来。以禾本科作物小麦在拔节前应用三唑类延缓剂控制生长为例，考虑到平衡抗倒伏能力和产量不降低的关系，一般地，要求基本第1、第2间总长缩短10%～20%为宜。因此，通常可以在处理后2周左右时进行调查，如果小麦株高降低30%以上，可视为产生了一定的药害。当然，这些评价还需要充分考虑到调控目标、品种敏感性、田间施药环境以及后期产量影响来科学评价。

其他不以上述控制生长、脱叶、抑芽、疏花疏果等调控为目标的植物生长调节剂应用，可以借鉴除草剂的药害指标进行调查和评估。除草剂药害所表现的症状主要两类：①生长抑制型，如植株矮化、茎叶畸形、分蘖分枝减少等；②触杀型，如叶片黄化、叶片枯死等。对全株性药害，一般采用萌芽率、出苗数（率）、生长期提前或推迟的天数、植株高度和鲜重等指标来表示其药害程度。对于叶片黄化、枯斑型药害，通常用枯死（黄化）面积所占叶片面积百分率来表示其药害程度，并依此计算药害指数。

对除草剂药害的早期评估一般采用目测分级法，其药害分级标准为：

0级——无明显药害症状；

1级——叶片产生暂时性的、接触性药害斑或生长受到轻微抑制；

2级——叶片产生较重的连片药害斑，褪绿、皱缩、畸形，或有明显的生长抑制，但可以恢复；

3级——造成生长点死亡，或持续严重生长抑制；

4级——造成部分或全部植株死亡。

除草剂药害程度的目测分级评估方法可在药害发生早期进行，方法比较简便、快捷。得出的结果可以判别药害的严重程度，也可以预测到对作物生育的影响和估测可能造成的产量损失大小，以便及早提出药害处理方法和需要采取的补救措施。然而，药害所引起的作物前期生育影响与最终产量损失之间的数量关系是相对复杂的，仍然需要做大量的深入细致的研究。

魏福香（1992）综合全株性药害症状（生长抑制等）和叶枯性（包括变色）症状，制定了 0～5 级和 0～10 级（百分率）的药害分级标准，见表 1-2 和表 1-3，可供植物生长调节剂药害调查参考。

表 1-2　0～5 级药害分级表（魏福香，1992）

药害分级	分级描述	症状
0	无	无药害症状，作物生长正常
1	微	微见症状，局部颜色变化，药斑占叶面积或叶鞘10%以下，恢复快，对生长发育无影响
2	小	轻度抑制或失绿，斑点占叶面积及叶鞘1/4以下，较快恢复，推测减产率0%～5%
3	中	对生长发育影响较大，畸形叶，株矮或枯斑占叶面积1/2以下，恢复慢，推测减产5%～15%
4	大	对生长发育影响大，叶严重畸形，抑制生长或叶枯斑3/4，难以恢复，推测减产15%～30%
5	极大	药害极重，死苗，减产30%以上

表 1-3　作物受害 0～10 级（百分率）分级表（魏福香，1992）

分级	百分率/%	症状
0	0	无影响
1	10	可忽略，微见变色，变形，或几乎未见生长抑制
2	20	轻，清楚可见有些植物失色，倾斜，或生长抑制，很快恢复
3	30	植株受害更明显，变色，生长受抑，但不持久
4	40	中度受害，褪绿或生长受抑，可恢复
5	50	受害持续时间长，恢复慢
6	60	几乎所有植株受伤害，不能恢复，死苗<40%
7	70	大多数植株伤害重，死苗40%～60%
8	80	严重伤害，死苗60%～80%
9	90	存活植株<80%，几乎都变色，畸形，永久性枯干
10	100	死亡

植物生长调节剂药害的防止与补救

　　植物生长调节剂种类繁多，功效各异，其药效表现受药剂因素、作物因素、使用技术、环境因素、栽培管理措施等多种因素的影响，极易出现各种异常症状。因此，在使用时，应根据使用目的，选择适当的植物生长调节剂种类，根据作物和环境条件确定合适的使用时期、浓度、部位和方法，做好配套的栽培管理，才能尽可能地避免或减轻这些异常症状的发生。

一、植物生长调节剂药害的防止办法

　　（1）合理选择药剂　　应选择正规厂家生产的、农药三证齐全的、质量有保证的产品，避免使用"以肥代药"的、无农药三证的"三无"产品，以免不知道产品中是否含有植物生长调节剂及其具体种类、含量，而出现漏用、重复、超剂量等不规范使用引起异常症状发生。不同厂家生产的具有相同有效成分和含量的产品，由于采用的原药、助剂以及加工工艺等不同，其效果、安全性、混配性等往往也有较大的差异，不宜盲目更换，确实需要更换的应先进行小面积试验，成功后再扩大使用。

　　（2）掌握好使用技术　　作物的不同生育期、不同器官等对植物生长调节剂的敏感性不同，不同的作物种类或同一作物的不同品种，对同一植物生长调节剂或类似植物生长调节剂的敏感性也不同。因此，要根据作物以及不同的使用目的，在使用前掌握好植物生长调节剂的使用器官或部位、使用生育期、使用浓度、使用方法、使用次数等技术，以免因使用不当而引起异常症状的发生。

　　例如葡萄使用氯吡脲保果时，一般在谢花后 5 天左右使用 2～5mg/kg 处理果穗，保果时不能使用过早、浓度不能过高，否则会出现保果过多、增加僵果和畸形果等现象，也不能使用过晚、浓度过低，否则会出现坐果差、果穗稀拉现象；而在膨大果实时，一般在谢花后 15 天左右使用 5～10mg/kg 处理果穗，使用浓度过低，膨大效果差，果子小，使用浓度过高，会增加裂果风险，加重着色不良现象的发生和程度。

　　（3）在适宜的环境条件下使用　　施药时以及施药后一定时间内的温度、空气湿度、光照等因素都会影响植物生长调节剂的作用效果表现。在一定的温度范围内，植物生长调节剂的作用效果一般随温度的升高而增强；空气湿度较高时，药液在叶片上不易干燥，吸收时间延长，吸收量增加，因而药效会有一定的增强；一般阳光会加快植物生长调节剂的吸收以及在植物体内的传导，药效增强，但阳光过强则常常起反作用。例如棉花后期用乙烯利催熟时，需保证至少有 3 天的日最高气温在 20℃以上。棉花应用噻苯隆脱叶时，通常温度较高时脱叶率较高，而温度较低时脱叶率较低。

低温、持续阴雨、高温、干旱、土壤黏重或沙性过强等都可能会引起或加重异常症状的发生，因此，使用植物生长调节剂时应根据环境条件对使用技术及配套管理措施进行适当调整，以预防和减轻异常症状的发生。例如，葡萄用氯吡脲保果膨果时遇低温、持续阴雨、温度在 18℃以下时，一般会适当增加氯吡脲的使用浓度，在 18～28℃之间时，按正常浓度使用，而高于 28℃时，适当降低使用浓度或待温度降至正常范围后再使用。

（4）掌握好配套的栽培管理措施　应用植物生长调节剂对植物的生长发育进行调控时，还需要与负载量、有效叶片数量、田间的通风透光程度、肥水管理、病虫害防治等进行配合，才能产生较好的综合效果。如果没有和栽培管理措施配合好，则会引起或加重异常症状的发生。例如，应用植物生长调节剂防止小麦倒伏时，必须配合良好的肥水管理以供应足够的营养，否则会出现植株矮小、早衰等，影响产量和品质。

（5）做好小面积试验　不同的作物、品种，不同的区域，不同的使用目的，不同的药剂品种，不同厂家生产的产品等，应在大面积使用前做好小面积试验，以掌握使用技术以及与栽培管理措施的配合等，尽可能地避免异常症状的发生。

植物生长调节剂使用的效果和安全性是由药剂、使用技术、环境条件、配套栽培管理技术和措施等多种因素协同影响、共同决定的，只有选择正规的、质量有保证的产品，掌握好了使用技术和配套的栽培管理措施，并根据环境条件进行适当的调整，才能最大化地发挥植物生长调节剂的效果，尽可能地避免或减轻异常症状的发生。

二、植物生长调节剂药害的补救

一旦发现药害症状，要仔细检查所用的药剂的来源、质量，对照说明书明确药害原因，针对性地用拮抗剂或解除剂处理，配合灌水、喷施叶面肥等栽培管理措施，尽快缓解药害，恢复正常生长发育。如发现多效唑造成的生长停止，用赤霉素处理，可缓解药害。

第二章

促进型植物生长调节剂常见药害症状及解决方案

萘乙酸和吲丁·萘乙酸

一、猕猴桃

（1）药害发生的原因 猕猴桃使用萘乙酸／吲丁·萘乙酸时，一般使用浓度不超过 800mg/kg。浓度过大时，会出现打顶后的新梢顶端焦枯、部分叶片脱落的药害症状，如果枝梢幼嫩、木质化程度低，会造成嫩梢卷曲、翻转现象，如果在高温干旱时使用，还会造成叶片灼烧、焦枯现象；在树势衰弱、肥水管理差、高温、干旱等条件不适宜情况下使用，可能在较低浓度下就会发生或加重以上药害症状；在选择药剂时如果选用了"以肥代药"或"三无"产品，由于不知道产品的成分及含量，使用时也无法准确地计算使用浓度，也可能会造成以上药害症状的发生（见表 2-1）。

表 2-1 萘乙酸／吲丁·萘乙酸用于猕猴桃发生药害的原因与症状

序号	发生的原因	症状
1	使用浓度过大	枝梢顶端焦枯（图 2-1），叶片脱落、嫩梢卷曲（图 2-2），叶片焦枯（图 2-3）

（2）常见药害的主要症状 具体症状如图 2-1 ～图 2-3 显示。

（3）药害的预防方法 ①掌握好使用技术。萘乙酸／吲丁·萘乙酸在猕猴桃上

图 2-1 枝梢顶端焦枯

图 2-2 嫩梢卷曲

图 2-3 叶片焦枯

使用的安全性与药剂使用浓度、使用方法等多种因素有关，使用前应学习和掌握好使用技术，以免因使用不当而引起异常症状的发生。使用较低的浓度，在枝条木质化程度较高时用药，异常症状发生的程度较轻，且发生的概率较小，相反，使用浓度较高，枝条木质化程度较低时用药，异常症状发生的概率较大，且发生的程度较重。②在适宜的环境条件下使用。高温、干旱、缺水肥等也会加重异常症状的发生，使用时应根据环境条件对使用技术及配套管理措施进行适当调整，以预防和减轻这些异常症状。如叶面补充磷酸二氢钾促进枝条老熟；猕猴桃生长期，土壤含水量不宜低于50%，土壤干旱、枝条生长细弱易产生枝梢顶端焦枯、嫩梢卷曲、叶片焦枯、脱落等异常现象。

（4）**药害的解救办法** ①落叶和结果枝顶端焦枯：一旦发生，目前尚无有效解救方法，可以通过降低使用浓度来预防。②嫩梢卷曲：症状较轻微时，可通过合理灌水、施用复合肥或大量元素水溶肥（施特优，或雨阳水溶肥，或施它，或松尔肥），叶面喷施含氨基酸水溶肥（稀施美）和植物生长调节剂0.1%三十烷醇微乳剂（优丰）等措施来缓解；症状严重时，不易恢复。

二、苹果

（1）**药害发生的原因** 苹果使用萘乙酸时，一般幼果期使用浓度不超过15mg/kg。浓度过大时，会出现叶片萎蔫、卷曲、畸形，僵果等药害症状，如果在高温干旱、树势衰弱时使用，还可能会造成叶片黄化、落叶、落花落果现象；在树势衰弱、肥水管理差、高温、干旱等条件不适宜情况下使用，可能在较低浓度下就会发生或加重以上药害症状；在选择药剂时如果选用了"以肥代药"或"三无"产品，由于不知道产品的成分及含量，使用时也无法准确地计算使用浓度，也可能会造成以上药害症状的发生（见表2-2）。

表2-2 萘乙酸/吲丁·萘乙酸用于苹果发生药害的原因与症状

序号	发生的原因	症状
1	幼果期使用浓度过大	叶片萎蔫、卷曲、畸形（图2-4），叶片黄化（图2-5），落叶、僵果（图2-6），落花落果（图2-7）

（2）**常见药害的主要症状** 具体症状如图2-4～图2-7显示。

（3）**药害的预防方法** ①掌握好使用技术。萘乙酸的使用效果和安全性与苹果品种、使用时期、使用浓度、使用方法、使用次数等多种因素有关，使用前应根据自身的使用目的，学习和掌握好使用技术，以免因使用不当而引起异常症状的发生。如防采前落果，一般在采前30～40天，喷施萘乙酸20～25mg/kg；在采前15～20天，喷施萘乙酸25～30mg/kg，可有效减少采前落果。不同品种采前落果轻重程度不同，

图2-4 叶片萎蔫、卷曲、畸形

图2-5 叶片黄化

图2-6 落叶、僵果

图2-7 落花落果

落果严重的，适当增加使用浓度。使用浓度过低，防采前落果效果差，使用浓度过高，会增加叶片萎蔫、黄化的风险。用于疏花疏果、幼果期防生理落果，风险较大，因气候、树势等差异，使用浓度也有差异，一定要先做好小面积试验。②掌握好配套的栽培管理技术。负载量过大、树势衰弱、肥水管理不当等都会引起或加重异常症状的发生，只有做好了配套的栽培管理工作，才能尽可能地避免和减轻药害。比如负载量，一般成龄树果园，亩（1亩 = 667m^2）留果量在2500～4000kg，挂果过多、肥水管理不当，会造成树势衰弱，树体抗性下降；肥水管理上应增加有机肥和大中微量元素肥的使用，一般应使用优质生物有机肥500～1000kg/亩配合适量的腐熟农家肥或土杂肥等，重视采果肥的施用，及时补充养分。

（4）药害的解救办法 ①落花落果、叶片畸形、落叶、僵果：一旦发生，目前无有效的解救方法，应通过避免幼果期高浓度使用来预防和减轻；已经出现的僵果应及时疏除，以减少营养消耗，促进正常果实生长。②叶片萎蔫、卷曲、畸形：症状轻微时，可通过加强肥水管理，根据树势和负载量适时适量地施用复合肥或大量元素水溶肥（松尔肥，或施特优，或雨阳水溶肥），叶面喷施含氨基酸水溶肥（稀施美）和植物生长调节剂0.1%三十烷醇微乳剂（优丰）等措施来缓解；症状严重时，不易恢复。

三、桃、李、杏

（1）药害发生的原因 桃、李、杏使用萘乙酸/吲丁·萘乙酸时，一般使用浓度不超过20mg/kg，使用过早、浓度过大或次数过多时，会出现新梢顶端萎蔫、部分叶片卷曲，幼果生长停滞或脱落的药害症状；在树势衰弱、肥水管理差、高温、干旱等条件不适宜情况下使用，可能在较低浓度下就会发生或加重以上药害症状；在选择药剂时如果选用了"以肥代药"或"三无"产品，由于不知道产品的成分及含量，使用时也无法准确地计算使用浓度，也可能会造成以上药害症状的发生（见表2-3）。

表2-3　萘乙酸/吲丁·萘乙酸用于桃、李、杏发生药害的原因与症状

序号	发生的原因	症状
1	使用时期过早或浓度过大或次数过多	严重时果实生长停滞、脱落（图2-8），新梢、叶片萎蔫（图2-9、图2-10）

（2）常见药害的主要症状　具体症状如图2-8～图2-10显示。

图2-8　果实生长停滞、脱落　　　　图2-9　李叶片萎蔫

图2-10　李整株新梢、叶片萎蔫

（3）药害的预防方法　①掌握好使用技术。萘乙酸/吲丁·萘乙酸的使用效果和安全性与桃、李、杏的品种、使用时期、使用浓度、使用方法、使用次数等多种因素有关，使用前应根据自身的使用目的，学习和掌握好使用技术，以免因使用不当而引起异常症状的发生。如在桃、李、杏保果时，一般在谢花80%时，使用萘乙酸/吲丁·萘乙酸5～20mg/kg进行全株喷雾，保果时间不能过早、浓度不能过高，否则会出现新梢、叶片萎蔫，果实生长停滞和掉落等现象。②在适宜的环境条件下使用。低温、持续阴雨、高温、土壤黏重或沙性过强等也会引起或加重异常症

状的发生，使用时应根据环境条件对使用技术及配套管理措施进行适当调整。使用时如遇10℃以下低温，效果不佳；30℃以上高温，应降低使用浓度；如遇持续阴雨天气，应适当增加使用次数和用量，以此来预防和减轻这些异常症状的发生。③掌握好配套的栽培管理技术。负载量、有效叶片数量、田间的通风透光程度、肥水管理、病虫害防治等都与异常症状的发生有关，只有做好了配套的栽培管理技术，才能尽可能地避免和减轻药害。比如桃树负载量，维持叶果比在（30～80）：1左右，适时疏果，一般长枝留取4～6个，中果枝留取3～5个，短果枝留取2～3个，花序状果枝留取1个或不留果，才能提高果实的品质；肥水管理上应增加有机肥的使用，一般应使用优质生物有机肥500～1000kg/亩，配合适量的腐熟农家肥或土杂肥等，同时应根据品种适当控制氮肥，增加磷、钾肥用量，并注意补充钙、镁等中量元素及硼、锌、铁、钼等微量元素。

（4）药害的解救办法　①新梢、叶片卷曲、萎蔫：可以通过适当降低使用浓度、减少使用次数，适当推迟使用时期来预防；发生较轻微的，可通过叶面喷施植物生长调节剂0.1%三十烷醇微乳剂（优丰）和含氨基酸水溶剂（稀施美），适当补充肥水，适量使用复合肥或大量元素水溶肥（松尔肥或施特优）促进植株恢复（需要7～15天）；发生严重的，不易恢复。②果实生长停滞或掉落：一旦发生，目前无有效的解救方法，可通过适当降低使用浓度、减少使用次数、适当推迟使用时期来预防；已经停滞生长的果实，应及时疏除，同时加强田间管理，注重肥水相结合，适量使用复合肥或大量元素水溶肥（松尔肥或施特优），可促进留下的正常果实生长发育。

四、生菜（意大利）

（1）药害发生的原因　生菜使用萘乙酸/吲丁·萘乙酸时，一般使用浓度不超过100mg/kg。使用过早会出现叶片黄化、皱缩、质地较脆现象，浓度过大或次数过多时，会出现叶片畸形、翻转，叶柄扭曲、开裂现象，如果在高温、干旱时使用，叶片翻转程度和叶柄扭曲程度加剧，难以恢复；在肥水搭配不合理、杂草过多、病虫害发生严重、环境条件不适宜等情况下使用，可能在较低浓度下就会发生或加重以上药害症状；在选择药剂时如果选用了"以肥代药"或"三无"产品，由于不知道产品的成分及含量，使用时也无法准确地计算使用浓度，也可能会造成以上药害症状的发生（见表2-4）。

表2-4　萘乙酸/吲丁·萘乙酸用于生菜发生药害的原因与症状

序号	发生的原因	症状
1	使用时期过早或浓度过大或次数过多	叶片畸形（图2-11），基部叶柄扭曲（图2-12）叶片黄化（图2-13），叶片皱缩（图2-14）

（2）常见药害的主要症状　具体症状如图2-11～图2-14显示。

图2-11　叶片畸形　　　　　　　　图2-12　基部叶柄扭曲

图2-13　叶片黄化　　　　　　　　图2-14　叶片皱缩

（3）药害的预防方法　①掌握好使用技术。萘乙酸的使用效果和安全性与生菜的品种、使用时期、使用浓度、使用方法、使用次数等多种因素有关，使用前应根据自身的使用目的，学习和掌握好使用技术，以免因使用不当而引起异常症状的发生。如萘乙酸在生菜上促进散叶时，植株有完全展开叶8～10片时使用60～70mg/kg萘乙酸全株喷雾。使用浓度过低，散心效果不佳；使用浓度过高容易导致叶片扭曲、黄化现象。②在适宜的环境条件下使用。低温、持续阴雨、高温、土壤黏重或沙性过强等也会引起或加重异常症状的发生，使用时应根据环境条件对使用技术及配套管理措施进行适当调整，以预防和减轻这些异常症状的发生。如生长期遇持续低温、阴雨天气，温度在18℃以下时，一般会适当增加使用浓度，在18～30℃之间时，按正常浓度使用，高于30℃时，适当降低使用浓度或待温度降至正常范围后再使用。③掌握好配套的栽培管理技术。如田间的通风透光程度、肥水管理、病虫害防治等都与异常症状的发生有关，只有做好了配套的栽培管理工作，才能尽可能地避免和减轻药害。比如肥水管理上应增加有机肥的使用，一般应使用优质生物有机肥100～200kg/亩配合适量的腐熟农家肥或土杂肥等，增施磷、钾肥，并补充钙、镁等中量元素及硼、锌、铁、钼等微量元素。

（4）药害的解救办法　①叶片扭曲、畸形、皱缩：一旦发生，目前无有效的解救方法；应通过适时、适量地使用药剂来预防和减轻。②叶片黄化：症状轻微的，可通过加强田间肥水管理，根据植株生长势，适时、适量施入含氨基酸或腐植酸水溶肥

（根莱士或根宝），配合复合肥或大量元素水溶肥（松尔肥，或沃克瑞，或施它，或施特优），叶面喷施植物生长调节剂0.1%三十烷醇微乳剂（优丰），或8%胺鲜酯水剂（施果乐），结合含氨基酸水溶肥（稀施美），或含腐植酸水溶肥（络康），或大量元素水溶肥料（雨阳水溶肥）促进植株恢复生长，减轻黄化；症状严重的，不易恢复。

五、茶树

（1）药害发生的原因　茶树使用萘乙酸/吲丁·萘乙酸快浸法促扦插生根时，一般使用浓度不超过1000mg/kg。浓度过大时，会出现生根数少、根短、生根质量差、新梢长势差现象；使用方法不正确、插条全株浸泡药液，则会出现茶苗无法正常生长、新梢不萌发现象；肥水不足、强光照射、持续低温阴雨、土壤偏黏重等情况下使用会出现生根数少、根短、生根质量差、新梢长势差现象；在选择药剂时如果选用了"以肥代药"或"三无"产品，由于不知道产品的成分及含量，使用时也无法准确地计算使用浓度，也可能会造成以下药害症状的发生（见表2-5）。

表2-5　萘乙酸/吲丁·萘乙酸用于茶树插条发生药害的原因与症状

序号	发生的原因	症状
1	使用方法不正确（插条全株浸泡）	茶苗无法正常生长，新梢不萌发（图2-15）
2	扦插时使用浓度过大	生根数少、根短、生根质量差（图2-16）、新梢长势差（图2-17）
3	环境条件不适宜（强光照射、低温、土壤偏黏重）	
4	栽培管理不当（肥水管理不当）	

（2）常见药害的主要症状　具体症状如图2-15～图2-17显示。

（3）药害的预防方法　①掌握好使用技术。萘乙酸/吲丁·萘乙酸的使用效果和安全性与茶树品种、使用时期、使用浓度、使用方法、使用次数等多种因素有关，使用前应根据自身的使用目的，学习和掌握好使用技术，以免因使用不当而引

（a）茶苗正常生长，新梢长势良好　　　　（b）新梢不萌发

图2-15　茶苗新梢长势良好与不萌发对比图

（a）生根质量好　　　　　　　　　（b）生根数少、根短、生根质量差

图2-16　茶苗不同生根状况对比图

（a）新梢长势正常　　　　　　　　　（b）新梢长势差

图2-17　茶苗新梢不同长势对比图

起异常症状的发生。如茶树扦插生根使用萘乙酸/吲丁·萘乙酸300～500mg/kg浸插条基部1～2cm处10s左右；如使用浓度过大，容易出现插条生根少、根短、不生根等药害症状。茶叶扦插使用生根剂的方法为浸插条基部，若高浓度萘乙酸/吲丁·萘乙酸浸插条全株会抑制插条萌芽，导致茶苗无法正常生长（不出苗）。②在适宜的环境条件下使用。强光照射、高温、低温、土壤偏黏重等也会引起或加重异常症状的发生，使用时应根据环境条件对使用技术及配套管理措施进行适当调整，以预防和减轻这些异常症状的发生。如新扦插的插穗要避免阳光直射，减少水分蒸发，防止大风吹袭，以提高扦插成活率，所以必须搭建遮阳棚。③掌握好配套的栽培管理技术。如土壤类型、心土覆盖、合理深耕施肥、病虫害防治等都与异常症状的发生有关，只有做好了配套的栽培管理工作，才能尽可能地避免和减轻药害。如土壤类型必须呈酸性，以pH值在4.0～5.5之间最为合适。土层深度至少要达到40cm，土质结构疏松，物理性状较好，透气性能优良。合理深耕施肥：土壤翻耕时可以配合施入基肥，以农家有机肥或菜籽饼肥为主，使用量以每亩2000kg农家肥或200kg饼肥为宜。基肥必须充分腐熟和无公害化处理以后才能施用。心土以黄瓢土、红心土为宜，心土覆盖厚度以3～5cm左右为宜。

（4）药害的解救办法　①生根少、根短：应通过适时、适量使用，适当降低使用浓度来预防；症状轻微时，可以生根后加强肥水管理，使用含腐植酸水溶肥（根莱士）和大量元素水溶肥（施特优）进行灌根，叶面喷施含氨基酸水溶肥（根宝）、植物生长调节剂0.1%三十烷醇微乳剂（优丰）和30%噁霉灵水剂（重茬宝），补充营养，促进根系生长；症状严重时，不易恢复。②茶苗无法正常生长（不出苗）：应避免浸泡插条全株（只浸插条基部），如发现操作不当，立即用清水冲洗插条2～3次，可有一定改善。

六、菠萝

（1）**药害发生的原因**　菠萝使用萘乙酸时，一般使用浓度不超过50mg/kg。浓度过大时，菠萝顶芽生长会受抑制，果眼异常，转色不良，易导致菠萝黑心等药害症状；如果在大苗期过早使用，易导致提早来花，严重时顶芽畸形，膨果期使用过早，易导致顶苗生长受抑制，影响果实商品性；如果在使用过程中使用方法不当，如喷施不均匀，易导致果实畸形，如误喷至侧芽部位，易导致侧芽萌发过多；在树势衰弱、肥水管理差、环境条件不适宜等情况下使用，可能较低浓度就会发生或加重以上药害症状；在选择药剂时，如果选用了"以肥代药"或"三无"产品，由于不知道产品的成分及含量，使用时也无法准确地计算使用浓度，也可能会造成以上药害症状的发生（见表2-6）。

表2-6　萘乙酸/吲丁·萘乙酸用于菠萝发生药害的原因与症状

序号	发生的原因	症状
1	大苗期或膨果期使用过早	大苗期过早使用易提早来花，即"偷生"（图2-18），严重时顶芽畸形（图2-19）。膨果期使用过早易导致顶苗生长受抑制（图2-20），影响果实商品性
2	使用浓度过大或使用次数过多或低温、持续阴雨时使用	顶芽生长受抑制（图2-20），果眼异常、转色不良（图2-21），菠萝黑心，即"水菠萝"（图2-22、图2-23）
3	使用方法不当（喷施不均匀）	应均匀喷施果面和顶芽，喷施不均匀，导致果实畸形；误喷至侧芽部位，导致侧芽萌发过多
4	肥水管理不当（偏施氮肥、营养不足）	膨果期偏施氮肥、营养不足，易导致菠萝黑心，即"水菠萝"（图2-22、图2-23）

（2）**常见药害的主要症状**　具体症状如图2-18～图2-23显示。

（3）**药害的预防方法**　①掌握好使用技术。萘乙酸的使用效果和安全性与菠萝品种、使用时期、使用浓度、使用方法、使用次数等多种因素有关，使用前应根据自身的使用目的，学习和掌握好使用技术，以免因使用不当而引起异常症状的发生。如巴厘品种，使用萘乙酸膨果时，一般在谢花后15～20天，使用20～30mg/kg喷果，一周后点顶，间隔20～25天使用一次，共用两次，具有较

图2-18 菠萝"偷生"

图2-19 顶芽畸形

图2-20 顶芽生长受抑制

图2-21 果眼异常、转色不良

图2-22 "水菠萝"

图2-23 菠萝黑心

好的效果。②在适宜的环境条件下使用。低温、持续阴雨等也会引起或加重异常症状的发生，使用时应根据环境条件对使用技术及配套管理措施进行适当调整，以预防和减轻这些异常症状的发生。温度在25～30℃时，可按正常浓度使用，温度低于20℃时，需适当降低浓度使用，温度高于30℃时，可适当增加浓度使用。③掌握好配套的栽培管理技术。有效叶片数量少、肥水管理不当、病虫害发生等都会引起或加重异常症状，只有做好了配套的栽培管理工作，才能尽可能地避免和减轻药害。有效叶片在35～40片时，使用萘乙酸膨果，亩产高，膨果效果好，低于35片时，膨果效果将受到影响，且畸形果、裂果等可能增多。

（4）药害的解救办法 ①菠萝"偷生"、顶芽畸形、果眼异常：一旦发生，目前无有效的解救方法；应适时、适量使用来预防和减轻。②顶芽生长受抑制：根据生长季节、温度条件、所处时期，灵活调整萘乙酸的使用浓度和次数。发现顶芽生长受抑制的现象，可使用植物生长调节剂3%赤霉酸乳油（顶跃）和含腐植酸水溶肥（络康）来缓解。③菠萝黑心，即"水菠萝"：一旦发生，目前无有效的解救方法；应根据生长季节、温度条件、所处时期，灵活调整萘乙酸的使用浓度和次数，同时加强肥水管理，来预防和减轻。④果实畸形、侧芽萌发过多：一旦发生，目前无有效的解救方法；应均匀喷施果面和顶芽，防止误喷侧芽部位，同时避免药液使用过量，过多的药液流至侧芽部位，来预防和减轻。⑤转色不良、品质下降：应适时、适量地使用萘乙酸，适当增施国光松达生物有机肥，根据树势施用复合肥或大量元素水溶肥（施特优，或松尔肥，或雨阳水溶肥，或施它，或沃克瑞）和含腐植酸水溶肥（根莱士），于果实着色初期使用植物生长调节剂40%乙烯利水剂（国光乙烯利）和0.1% S-诱抗素水剂（动力），配合磷酸二氢钾（国光甲），促进着色均匀。

七、苗木

（1）药害发生的原因　苗木使用萘乙酸控花时，一般浓度不超过250mg/kg，浓度过大，会出现苗木新芽萌发受抑制，卷曲、叶片发黄现象，严重的还会导致叶片脱落；在树势衰弱、病虫危害重、肥水管理差、高温、干旱等情况下使用，可能在较低浓度下就会发生或加重以上药害；在选择药剂时如果选用了"以肥代药"或"三无"产品，由于不知道产品的成分及含量，使用时也无法准确地计算使用浓度，也可能会造成以上药害症状的发生（见表2-7）。

表2-7　萘乙酸/吲丁·萘乙酸用于苗木发生药害的原因与症状

序号	发生的原因	症状
1	枝叶喷施浓度过大	叶片发黄（图2-24），脱落（图2-25），新芽萌发受抑制（图2-26），卷曲（图2-27）

（2）常见药害的主要症状　具体症状如图2-24～图2-27显示。

图2-24　香樟叶片发黄严重

图2-25　苦楝树严重落叶

图 2-26 紫荆新芽萌发受抑制　　　　　图 2-27 樱花叶片卷曲

（3）药害的预防方法　①掌握好使用技术。萘乙酸的使用效果和安全性与苗木的品种、使用时期、使用浓度、使用方法、使用次数等多种因素有关，使用前应根据自身的使用目的，学习和掌握好使用技术，以免因使用不当而引起异常症状的发生。如蔷薇科树种使用萘乙酸喷施控花，会导致叶片萎蔫甚至脱落；使用萘乙酸控花防结果，一般推荐在苗木的盛花期喷施控花，初花期以及幼果期喷施效果差。②在适宜的环境条件下使用。低温、持续阴雨、高温、土壤黏重或沙性过强等也会引起或加重异常症状的发生，使用时应根据环境条件对使用技术及配套管理措施进行适当调整，以预防和减轻这些异常症状的发生。如温度低于15℃时会影响萘乙酸的控花效果，15～25℃时，按正常推荐浓度使用，高于30℃应适当降低使用浓度，避免温度过高用药，导致叶片萎蔫甚至脱落的现象。③掌握好配套的养护管理技术。如植物的通风透光程度、肥水管理、病虫害防治等都与异常症状的发生有关，只有做好了配套的栽培管理工作，才能尽可能地避免和减轻药害。如苗木日常肥水管理养护差，植物营养不良时，按正常推荐浓度使用，可能还是会造成异常症状的发生，应及时给苗木增施含氮、磷、钾的复混肥和有机肥补充养分；同时注意钙、镁等元素的补充。

（4）药害的解救办法　①新芽萌发受抑制：一旦发生，需及时进行促芽处理，可通过使用植物生长调节剂2%苄氨基嘌呤可溶液剂（花思）或3.6%苄氨·赤霉酸可溶液剂（花盼），配合含氨基酸水溶肥（思它灵）或大量元素水溶肥（莱绿士）促进芽点萌发，恢复景观效果。②叶片发黄、卷曲、生长不良：症状轻微时，可通过加强肥水管理，根部使用含腐植酸水溶肥（园动力）和复合肥料（国光雨阳肥），叶面喷施植物生长调节剂1.4%复硝酚钠水剂（雨阳）或0.1%三十烷醇微乳剂（优丰），配合含氨基酸水溶肥（思它灵），补充养分，促进生长来改善；症状严重时，结合修剪，剪除枯枝。③叶片脱落：一旦发生，目前无有效解救方法；应通过适时、适量使用来预防。

　植物生长调节剂常见药害症状及解决方案

八、苗木扦插

（1）药害发生的原因　苗木使用萘乙酸／吲丁·萘乙酸扦插时，一般使用浓度不超过1000mg/kg，浓度过大时，会出现插条下部愈伤组织发达却不生根，并且插条基部会发黑、腐烂现象；使用方式应恰当，浸泡插条基部2～3cm即可，如果全株插条浸泡，会导致插条芽点僵化不发芽，或者发芽少、叶片缺素、干枯、生长不良等现象；在环境条件不适宜、苗床过干或过湿等情况下使用，都可能引起或加重以上异常症状的发生；在选择药剂时如果选用了"以肥代药"或"三无"产品，由于不知道产品的成分及含量，使用时也无法准确地计算使用浓度，也可能会造成以上药害症状的发生（见表2-8）。

表2-8　萘乙酸／吲丁·萘乙酸用于苗木扦插发生药害的原因与症状

序号	发生的原因	症状
1	使用浓度过大	愈伤组织发达却不生根（图2-28），插条基部发黑、腐烂（图2-29）
2	使用方式不当（浸泡插条全株）	芽点僵化不发芽（图2-30～图2-32）、发芽少（图2-33）、叶片缺素、干枯、生长不良

（2）常见药害的主要症状　具体症状如图2-28～图2-33显示。

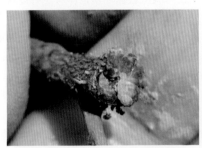

图2-28　愈伤组织发达却不生根

图2-29　插条基部发黑、腐烂

图2-30　浸泡插条造成芽点僵化

图2-31　扦插40天无新芽

图2-32　根系好却不发芽　　　　图2-33　扦插2个月发芽少

（3）药害的预防方法　①掌握好使用技术。吲丁·萘乙酸的使用效果和安全性与苗木的品种、使用时期、使用浓度、使用方法、使用次数等多种因素有关，使用前应根据自身的使用目的，学习和掌握好使用技术，以免因使用不当而引起异常症状的发生。如红叶石楠扦插时，推荐使用吲丁·萘乙酸500～1000mg/kg处理插条基部，快浸10～15s，使用浓度不能过高，过高会影响插条生根，甚至不生根，使用时，药液只能浸泡插条基部2～3cm，如果浸泡插条全株会导致芽点处僵芽、不出芽的现象。②在适宜的环境条件下使用。低温、持续阴雨、高温、土壤黏重或沙性过强等也会引起或加重异常症状的发生，使用时应根据环境条件对使用技术及配套管理措施进行适当调整，以预防和减轻这些异常症状的发生。苗木扦插最适宜的温度在20～30℃，温度过高或过低，都会影响插条生根；苗床湿度大，会导致插条不生根甚至腐烂；苗床干旱，会导致插条失水干枝，应适当控制土壤含水量，一般基质含水量宜在最大持水量的50%～60%，同时也要控制棚内的空气湿度，保持80%～90%较高饱和的空气湿度有利于插条生根。③掌握好配套的养护管理技术。如植物的通风透光程度不够、肥水管理差、病虫害防治不好等都会引起或加重异常症状的发生，只有做好了配套的栽培管理工作，才能尽可能地避免和减轻药害。如扦插后，及时对苗床以及棚内消毒，定期给插条浇水，控制土壤湿度以及空气湿度，棚内温度高于30℃时，应及时遮阴、通风降温。

（4）药害的解救办法　①不发芽或发芽少：一旦发生，需及时进行促芽处理，可通过使用植物生长调节剂2%苄氨基嘌呤可溶液剂（花思）或3.6%苄氨·赤霉酸可溶液剂（花盼），配合含氨基酸水溶肥（思它灵），来促进芽头萌发。②根系生长少或不生根：可使用植物生长调节剂5%吲丁·萘乙酸可溶液剂（根盼）和含腐植酸水溶肥（园动力）进行灌根、维持适当的土壤温湿度条件、做好病虫防治等，来促进根系萌发。③叶片缺素、干枯、生长不良：可以通过施用植物生长调节剂2%苄氨基嘌呤可溶液剂（花思）或3.6%苄氨·赤霉酸可溶液剂（花盼），配合含氨基酸水溶肥（思它灵），并加强病虫及肥水管理，维持适宜的养分供给水平来改善。④愈伤组织发达却不生根：适当控水，使用含腐植酸水溶肥（园动力）和含氨基酸水溶肥（跟多）进行促根养根处理。⑤插条基部发黑、腐烂：清理完全腐烂的插条，然后使用杀菌剂30%精甲·噁霉灵水剂（健致）或30%噁霉灵水剂（地爱）浇灌，进行土壤消毒处理。

九、兰花、红掌等肉质根花卉

（1）药害发生的原因　兰花、红掌等肉质根花卉大多对萘乙酸／吲丁·萘乙酸非常敏感，使用浓度超过100mg/kg快浸根系或栽种后用超过20mg/kg的药液浇灌，对大多数肉质根花卉都有严重的生长抑制作用，红掌、蕙兰、石斛等表现为不发新根或根系不生长，地上部分瘦小，若浇灌到凤梨心部，则可能造成心部坏死。因此在此类花卉上一般不建议使用。在长势衰弱、肥水管理差、高温、干旱等条件不适宜情况下使用，可能在较低浓度下就会发生或加重以上药害症状；在选择药剂时如果选用了"以肥代药"或"三无"产品，由于不知道产品的成分及含量，使用时也无法准确地计算使用浓度，也可能会造成以上药害症状的发生（见表2-9）。

表2-9　萘乙酸／吲丁·萘乙酸用于肉质根花卉扦插发生药害的原因与症状

序号	发生的原因	症状
1	植物品种因素	蝴蝶兰、国兰、红掌等肉质根花卉，可能因菌根结构及生根模式与其他植物不同，不适宜使用
2	使用浓度过大	抑制植株和根系生长（图2-34～图2-36）、心部腐烂（图2-37）

（2）常见药害的主要症状　具体症状如图2-34～图2-37显示。

（3）药害的预防方法　掌握好使用技术。萘乙酸／吲丁·萘乙酸的使用效果和安全性与花卉品种、使用浓度、使用方法、使用次数等多种因素有关，使用前应根据自身的使用目的，学习和掌握好使用技术，以免因使用不当而引起异常症状的发

图2-34　石斛快浸处理30天后生长受到抑制

图 2-35　红掌快浸处理后根部生长受到抑制

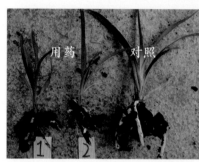

图 2-36　蕙兰快浸处理后根部生长受到抑制

图 2-37　凤梨喷雾处理造成心部腐烂

生。目前在肉质根植物如石斛、红掌、蕙兰、蝴蝶兰等品种上，还没有成熟的使用技术，有较大的用药风险，因此不建议在以上品种上使用。部分对药剂较为耐受的肉质根植物，也建议不超过 50mg/kg 快浸根系或栽种后用不超过 10mg/kg 的药液浇灌，由于花卉品种众多，如果需要用萘乙酸 / 吲丁·萘乙酸促进扦插或移栽生根，务必先试验成功后再使用。

　　（4）药害的解救办法　因萘乙酸 / 吲丁·萘乙酸使用过量造成的根系量少、根系畸形、植株瘦弱等情况，根部施用含腐植酸水溶肥（园动力）或含氨基酸水溶肥

（跟多），补给营养促根壮根，结合叶面施用低浓度的植物生长调节剂 1.4% 复硝酚钠水剂（雨阳）或 0.1% 三十烷醇微乳剂（优丰），对生长状态有一定的改善。

2,4-D 和对氯苯氧乙酸（钠）

一、柑橘

（1）药害发生的原因 柑橘上应用 2,4-D/ 对氯苯氧乙酸（钠），保果时一般使用 2,4-D 不超过 5mg/kg，对氯苯氧乙酸（钠）不超过 10mg/kg；留树保鲜时一般使用 2,4-D 和对氯苯氧乙酸（钠）不超过 30mg/kg，保果时使用浓度过大、次数过多，特别在嫩梢期使用易引起嫩叶卷曲、畸形；留树保鲜时浓度过大、次数过多，可能引起第二年春梢嫩叶卷曲、畸形；果园使用 2 甲 4 氯类除草时，可能会引起或加重以上异常症状发生；在选择药剂时如果选用了"以肥代药"或"三无"产品，由于不知道产品的成分及含量，使用时也无法准确地计算使用浓度，可能会造成以上药害症状的发生（见表 2-10）。

表 2-10 2,4-D/ 对氯苯氧乙酸（钠）用于柑橘发生药害的原因与症状

序号	发生的原因	症状
1	使用浓度过大或次数过多	新梢生长受抑制，嫩叶卷曲、畸形（图2-38），嫩叶老熟后症状未恢复（图2-39）
2	除草剂使用不当	新梢生长受抑制，嫩叶卷曲、畸形（图2-38）

（2）常见药害的主要症状 具体症状如图 2-38、图 2-39 显示。

图 2-38 新梢生长受抑制，嫩叶卷曲、畸形　　　图 2-39 嫩叶老熟后症状未恢复

（3）药害的预防方法 ①掌握好使用技术。2,4-D 和对氯苯氧乙酸（钠）的使用效果和安全性与柑橘品种、使用时期、使用浓度、使用方法、使用次数等多种因素有

关。保果时，一般使用 2,4-D 3 ～ 5mg/kg，留树保鲜时使用 2,4-D 25 ～ 30mg/kg，同时需错开柑橘嫩梢期使用，使用前应根据自身的使用目的，学习和掌握好使用技术，以免因使用不当而引起异常症状的发生。②注意除草剂的使用。不随意使用内吸传导型的除草剂，如 2 甲 4 氯等除草剂，以免引起新梢生长受抑制，嫩叶卷曲、畸形等异常现象。

（4）药害的解救办法　①新梢受抑制，嫩叶卷曲、畸形：一旦发生，目前无有效的解救方法。应通过适时、适量地使用，合理施肥，适当选用除草剂等来预防和减轻。②轻微的嫩叶卷曲、畸形：加强营养管理，叶面喷施植物生长调节剂 0.1% 三十烷醇微乳剂（优丰）和含氨基酸水溶肥（稀莱美），适当增施国光松达有机肥，根据树势情况根施复合肥或大量元素水溶肥料（松尔肥，或施特优，或雨阳水溶肥）和含腐植酸水溶肥（根莱士），可增强树势，促进恢复。症状严重时，不易恢复，可将部分卷曲、畸形的枝梢进行疏剪或短截，培养健壮新梢。

二、杨梅

（1）药害发生的原因　在杨梅采前 15 ～ 30 天使用 2,4-D/ 对氯苯氧乙酸（钠）时，一般使用浓度不超过 30mg/kg，使用浓度过大、次数过多，易加重嫩叶卷曲、畸形；使用时需避开杨梅新梢萌发期和嫩梢期，如果使用时期不当（新梢萌发期、嫩梢期用），易导致嫩叶卷曲、畸形；另外，在选择药剂时如果选用了"以肥代药"或"三无"产品，由于不知道产品的成分及含量，使用时也无法准确地计算使用浓度，也可能会造成以上药害症状的发生（见表 2-11）。

表 2-11　2,4-D/ 对氯苯氧乙酸（钠）用于杨梅发生药害的原因与症状

序号	发生的原因	症状
1	使用浓度过大或次数过多	新梢嫩叶卷曲、畸形（图 2-40），嫩叶老熟后症状未恢复（图 2-41）
2	使用时期不当（新梢萌发期、嫩梢期用）	

（2）常见药害的主要症状　具体症状如图 2-40、图 2-41 显示。

（3）药害的预防方法　掌握好使用技术。2,4-D/ 对氯苯氧乙酸（钠）的使用效果和安全性与杨梅品种、使用时期、使用浓度、使用方法、使用次数等多种因素有关，需错开杨梅嫩梢期使用，使用前应根据自身的使用目的，学习和掌握好使用技术，以免因使用不当而引起异常症状的发生。如东魁杨梅防采前落果时，在杨梅采前 15 ～ 30 天使用对氯苯氧乙酸（钠）一次，一般使用 20 ～ 30mg/kg 进行叶面喷施。针对新的品种、新的区域、新的使用目的等，应在大面积使用前做好小面积试验，以掌握使用技术和配套的栽培管理技术等，尽可能地避免不良症状的发生。

图 2-40　新梢嫩叶卷曲、畸形　　　　　图 2-41　嫩叶老熟后症状未恢复

（4）药害的解救办法　①新梢嫩叶卷曲、畸形：一旦发生，目前无有效的解救方法。通过避免在新梢萌发期、嫩梢期使用，来预防和减轻。②嫩叶老熟后，症状未恢复：症状轻微时，加强营养管理，叶面喷施植物生长调节剂 0.1% 三十烷醇微乳剂（优丰）和含氨基酸水溶肥（稀施美），适当增施国光松达有机肥，根施复合肥或大量元素水溶肥料（国光松尔肥，或施特优，或雨阳水溶肥）和含腐植酸水溶肥（根莱士），可增强树势，促进恢复；症状严重时，不易恢复，可将部分卷曲、畸形的枝梢进行疏剪或短截，培养健壮新梢。

三、冬枣

（1）药害发生的原因　冬枣使用 2,4-D 时，一般使用浓度不超过 20mg/kg。浓度过大或高温时，会出现枣叶卷曲现象；时期过早或次数过多或低温时，会出现僵果、大小果不分化的药害症状；在栽培管理不当、树势衰弱、肥水管理差、环境条件不适宜、高温、干旱等情况下使用，可能在较低浓度下就会发生或加重以上药害症状；在选择药剂时如果选用了"以肥代药"或"三无"产品，由于不知道产品的成分及含量，使用时也无法准确地计算使用浓度，也可能会造成以上药害症状的发生（见表 2-12）。

表 2-12　2,4-D/ 对氯苯氧乙酸（钠）用于冬枣发生药害的原因与症状

序号	发生的原因	症状
1	使用浓度过大或时期过早或次数过多	枣叶卷曲（图 2-42），僵果、大小果不分化（图 2-43）
2	低温	僵果、大小果不分化（图 2-43）
3	高温	枣叶卷曲（图 2-42）
4	栽培管理不当（花量过大、营养不足）	僵果、大小果不分化（图 2-43）

（2）常见药害的主要症状　具体症状如图2-42、图2-43显示。

图2-42　枣叶卷曲　　　　　图2-43　僵果、大小果不分化

（3）药害的预防方法　①掌握好使用技术。2,4-D/对氯苯氧乙酸（钠）的使用效果和安全性与枣树品种、使用时期、使用浓度、使用方法、使用次数等多种因素有关，使用前应根据自身的使用目的，学习和掌握好使用技术，以免因使用不当而引起异常症状的发生。如保果时，一般的使用浓度在10～15mg/kg，浓度过低会出现坐果不佳的情况，浓度过高会出现叶片卷曲、僵果、畸形果等造成产量下降。②在适宜的环境条件下使用。持续低温、高温等也会引起或加重异常症状的发生，使用时应根据环境条件对使用技术及配套管理措施进行适当调整，以预防和减轻这些异常症状的发生。如低温时效果不佳；高温时（高于30℃）使用易造成叶片卷曲，因此在温室栽培中或气温较高时不建议使用。③掌握好配套的栽培管理技术。如田间的通风透光程度、肥水管理、病虫害防治等都与异常症状的发生有关，只有做好了配套的栽培管理工作，才能尽可能地避免和减轻药害。如肥水管理：基肥（月子肥）应增加有机肥的使用，一般应使用优质生物有机肥500kg/亩或腐熟农家肥或土杂肥1000～2000kg/亩等，同时应根据品种和树势适当控制氮肥，增加磷、钾肥用量，并注意补充钙、镁等中量元素及硼、锌、铁、钼等微量元素；坐果前追肥应以高磷、中磷钾水溶肥为主，同时叶面补充硼、锌、铁、钼等微量元素。

（4）药害的解救办法　①僵果、大小果不分化：一旦发生，目前无有效的解救方法，通过适时、适量地使用来预防和减轻；已经发生的僵果，应及时疏除。②枣叶卷曲：可通过加强肥水管理，根据树势和负载量适时适量地施入复合肥或大量元素水溶肥料（松尔肥，或施特优，或雨阳），叶面喷施植物生长调节剂0.1%三十烷醇微乳剂（优丰）和含氨基酸水溶肥（稀施美）等措施来缓解。

四、桃、李、杏

（1）药害发生的原因　桃、李、杏使用2,4-D/对氯苯氧乙酸（钠）时，一般使用浓度不超过20mg/kg。使用时期过早或浓度过大时，会出现花萼不脱落的药害症状；在树势衰弱、肥水管理差、高温、干旱等情况下使用，可能在较低浓度下就会发生或加重以上药害症状；在选择药剂时如果选用了"以肥代药"或"三无"产品，由于不知道产品的成分及含量，使用时也无法准确地计算使用浓度，也可能会造成以上药害症状的发生（见表2-13）。

表2-13　2,4-D/对氯苯氧乙酸（钠）用于桃、李、杏发生药害的原因与症状

序号	发生的原因	症状
1	使用时期过早或浓度过大	造成李花萼不脱落（图2-44）

（2）常见药害的主要症状　具体症状如图2-44显示。

图2-44　李花萼不脱落

（3）药害的预防方法　①掌握好使用技术。2,4-D/对氯苯氧乙酸（钠）的使用效果和安全性与桃、李、杏的品种、使用时期、使用浓度、使用方法、使用次数等多种因素有关，使用前应根据自身的使用目的，学习和掌握好使用技术，以免因使用不当而引起异常症状的发生。如保果时，一般在谢花80%时使用5～20mg/kg全株喷雾，保果时间不能过早、浓度不能过高，否则会出现花萼不脱落等异常现象。②在适宜的环境条件下使用。低温、持续阴雨、高温、土壤黏重或沙性过强等也会引起或加重异常症状的发生，使用时应根据环境条件对使用技术及配套管理措施进行适当调整，如遇30℃以上高温天气或土壤黏性过重湿度过大，应降低使用次数和浓度，以此来预防和减轻这些异常症状的发生。③掌握好配套的栽培管理技术。负载量、有效叶片数量、田间的通风透光程度、肥水管理、病虫害防治等都与异常症状的发生有关，只有做好了配套的栽培管理工作，才能尽可能地避免和减轻药害。比如李树负载量，维持叶果比在（15～30）：1，适时疏果，才能提高果实的品质，李果实与果实的间距保持在2～3cm，一般长果枝留取8～10个果实，中果枝留取5～8个果实，短果枝留取3～5个果实，花序状果枝留取1～3个果实；肥水管理上应增加有机肥的使用，一般应使用优质生物有机肥松达500～1000kg/

亩，配合适量的腐熟农家肥或土杂肥等，同时应根据品种适当控制氮肥，增加磷、钾肥用量，可使用松尔肥、沃克瑞、施特优＋壮多等，并补充钙、镁等中量元素及硼、锌、铁、钼等微量元素。

（4）药害的解救办法　针对花萼不脱落问题，可以适当降低使用浓度、减少使用次数，适当推迟使用时期来预防和减轻；已经发生的，随着果实的长大，花萼会掉落一部分，未掉落的，可通过人工摘除。

五、番茄（大、小果型品种）

（1）药害发生的原因　番茄使用 2,4-D/ 对氯苯氧乙酸（钠）时，一般使用浓度 2,4-D 不超过 30mg/kg，对氯苯氧乙酸（钠）大果型番茄不超过 35mg/kg、小果型番茄不超过 15mg/kg。使用浓度过大或用药温度较高时，会出现叶片畸形，顶芽生长停滞，果实畸形、空心现象；施药方法不当（侧芽、幼嫩叶片接触药液或全株喷雾）时，会出现侧芽生长停滞，幼嫩叶片扭曲、畸形现象，若全株喷雾，则会出现叶片畸形、扭曲，顶芽生长停滞，果实僵果现象；如果在高温、干旱时使用，还会造成茎秆扭曲、叶脉坏死现象，不能恢复；在肥水搭配不合理、杂草过多、病虫害发生严重、环境条件不适宜等情况下使用，可能在较低浓度下就会发生或加重以上药害症状；在选择药剂时如果选用了"以肥代药"或"三无"产品，由于不知道产品的成分及含量，使用时也无法准确地计算使用浓度，也可能会造成以上药害症状的发生（见表 2-14）。

表 2-14　2,4-D/ 对氯苯氧乙酸（钠）用于番茄发生药害的原因与症状

序号	发生的原因	症状
1	使用浓度过大或用药时温度较高	叶片畸形（图2-45），生长停滞（图2-46），畸形果（图2-47），空心果（图2-48）
2	施药不当（侧芽、叶片接触药液或全株喷雾）	叶片扭曲（图2-49），顶芽、侧芽及新叶等幼嫩组织畸形（图2-50），生长停滞（图2-46）

（2）常见药害的主要症状　具体症状如图 2-45 ～图 2-50 显示。

图 2-45　叶片畸形

图 2-46　生长停滞

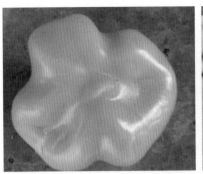

图2-47　畸形果

图2-48　空心果

图2-49　叶片扭曲　　　　　图2-50　顶芽、侧芽及新叶等幼嫩组
　　　　　　　　　　　　　　　　　　织畸形

（3）**药害的预防方法**　①掌握好使用技术。2,4-D/对氯苯氧乙酸（钠）的使用
效果和安全性与番茄品种、使用时期、使用浓度、使用方法、使用次数等多种因素
有关，使用前应根据自身的使用目的，学习和掌握好使用技术，以免因使用不当而
引起异常症状的发生。如保花保果时，一般2,4-D在开花当天使用10～20mg/kg
的药液涂抹花柄，对氯苯氧乙酸（钠）在单个花序开花2～3朵时，大果型番茄
使用16～25mg/kg，均匀喷雾盛开花序，单个花序用药1～2次（小果型番茄使

用 6 ～ 8mg/kg，单个花序用药 2 ～ 3 次），时期不能过早、浓度不能过高，否则会增加畸形果和空心果等，也不能使用过晚、浓度过低，否则会出现坐果差、果穗稀拉等异常现象。②在适宜的环境条件下使用。低温、持续阴雨、高温、干旱、土壤黏重或沙性过强等也会引起或加重异常症状的发生，使用时应根据环境条件对使用技术及配套管理措施进行适当调整，以预防和减轻这些异常症状的发生。如开花期遇低温、持续阴雨天气，温度在 18℃以下时，一般会适当增加 2,4-D/ 对氯苯氧乙酸（钠）的使用浓度，在 18 ～ 30℃之间时，按正常浓度使用，高于 30℃时，适当降低使用浓度或待温度降至正常范围后再使用。③掌握好配套的栽培管理技术。负载量、有效叶片数量、田间的通风透光程度、肥水管理、病虫害防治等因素都与异常症状的发生有关，只有做好了配套的栽培管理工作，才能尽可能地避免和减轻药害。一般根据品种特性，适当保留果实数量，常规中果型品种单个果穗留果 4 ～ 6个，大果型品种留果 3 ～ 4 个，同时疏除畸形果、僵果；肥水管理上应增加有机肥的使用，一般应使用优质生物有机肥 100 ～ 200kg/ 亩配合适量的腐熟农家肥或土杂肥等，同时应根据品种适当控制氮肥，增加磷、钾肥用量，并注意补充钙、镁等中量元素及硼、锌、铁、钼等微量元素。

（4）药害的解救办法 ①芽、叶畸形：应适时、适量使用药剂，避免在高温期（不宜超过 30℃）用药，应精准掌握施药部位 [2,4-D 应涂抹花柄，对氯苯氧乙酸（钠）应喷雾花序]，勿施至叶和芽上。症状轻微的，可通过施入复合肥或大量元素水溶肥料（松尔肥，或沃克瑞，或施它，或施特优）和含腐植酸水溶肥（根莱士），叶面喷施植物生长调节剂 3% 赤霉酸乳油（顶跃），或 3.6% 苄氨·赤霉酸可溶液剂（妙激），或 0.1% 三十烷醇微乳剂（优丰），或 8% 胺鲜酯可溶粉剂（天都），配合含氨基酸水溶肥（稀施美）或含腐植酸水溶肥（络康）等来缓解；症状严重的，不易恢复。②果实畸形、生长停滞：一旦发生，目前无有效的解救方法；应通过适时、适量地使用药剂来预防和减轻。③果实空心：应适时、适量使用药剂，避免在高温期（不宜超过 30℃）用药，来预防和减轻。症状轻微的，可通过施入复合肥或大量元素水溶肥料（松尔肥，或沃克瑞，或施它，或施特优）和含腐植酸水溶肥（根莱士或生根园），叶面喷施植物生长调节剂 0.1% 三十烷醇可溶液剂（优丰），或 8% 胺鲜酯可溶粉剂（天都），或 0.01% 24-表芸苔素内酯可溶液剂，配以含氨基酸水溶肥（稀施美），或含腐植酸水溶肥（络康），或磷酸二氢钾（国光甲）等来缓解；症状严重的，应及时疏除。

六、花椒

（1）药害发生的原因 花椒使用 2,4-D/ 对氯苯氧乙酸（钠）时，一般不超过 8mg/kg，浓度过大时，会出现幼嫩叶片卷曲；如果使用时期过早，前期坐果过多，容易出现大小粒，后期落果严重；如果在高温干旱时使用，会加重叶片卷曲以及落果现象；在树势衰弱、肥水管理差、高温、干旱等情况下使用，可能在较低浓度下就会发生或加重以上药害症状；在选择药剂时如果选用了"以肥代药"或"三无"产品，由于不知道产品的成分及含量，使用时也无法准确地计算使用浓度，也可能会造成以上药害症状的发生（见表2-15）。

表2-15 2,4-D/对氯苯氧乙酸（钠）用于花椒发生药害的原因与症状

序号	发生的原因	症状
1	使用时期过早	僵果，前期坐果过多、后期落果重
2	使用浓度过大或次数过多	叶片卷曲（图2-51），坐果过多（图2-52），僵果（图2-53）
3	环境条件不适宜（低温、持续阴雨天气）	僵果（图2-53），落果（图2-54），生长不良
4	栽培管理不当（肥水管理不当、树势衰弱、病虫害）	落果（图2-54），生长不良

（2）常见药害的主要症状 具体症状如图2-51～图2-54显示。

图2-51 叶片卷曲

图2-52 坐果过多

图2-53 僵果

图2-54 落果

（3）药害的预防方法 ①掌握好使用技术。2,4-D/ 对氯苯氧乙酸（钠）的使用效果和安全性与花椒品种、使用时期、使用浓度、使用方法、使用次数等多种因素有关，使用前应根据自身的使用目的，学习和掌握好使用技术，以免因使用不当而引起异常症状的发生。如保果时，一般在枝条顶端 3 个花序完全谢花后 3 ～ 5 天使用 5 ～ 10mg/kg 叶片均匀喷雾，保果时不能使用过早、浓度不能过高，否则会出现保果过多、增加僵果和畸形果等现象，也不能使用过晚、浓度过低，否则保果效果会降低。②在适宜的环境条件下使用。低温、持续阴雨、高温、土壤肥力差、土壤湿度低、病虫害等也会引起或加重异常症状的发生，使用时应根据环境条件对使用技术及配套管理措施进行适当调整，以预防和减轻这些异常症状的发生。如遇低温、持续阴雨，温度在 20℃ 以下时，一般会适当增加对氯苯氧乙酸（钠）的使用浓度，在 20 ～ 28℃ 之间时，按正常浓度使用，高于 28℃ 时，不建议使用。③掌握好配套的栽培管理技术。果实数量、有效叶片数量、田间的通风透光程度、肥水管理、病虫害防治等因素都与异常症状的发生有关，只有做好了配套的栽培管理工作，才能尽可能地避免和减轻药害。比如在花椒果实生长期发生炭疽病，也会导致花椒果实大量脱落，影响花椒的产量。应根据当地的天气和花椒的水肥情况及时做好预防工作。

（4）药害的解救办法 ①僵果、落果：一旦发生，目前无有效的解救方法；应在正常天气情况下，适时、适量地使用药剂，同时加强肥水管理、避免营养不足，来预防和减轻。②叶片卷曲：症状轻微的，可通过加强肥水管理，适时适量地使用复合肥或大量元素水溶肥料（松尔肥或施特优），叶面喷施植物生长调节剂 0.1% 三十烷醇微乳剂（优丰）和 2% 苄氨基嘌呤可溶液剂（植生源），配合含氨基酸水溶肥（稀施美）等措施来缓解；症状严重的，不易恢复。③坐果多、生长不良：可通过加强肥水管理，根据树势和负载量适时适量地施入复合肥或大量元素水溶肥料（松尔肥或施特优或雨阳水溶肥），叶面喷施含氨基酸水溶肥（稀施美）或含腐植酸水溶肥（络康）、植物生长调节剂 0.1% 三十烷醇微乳剂（优丰），或 0.01% 24-表芸苔素内酯可溶液剂，及时疏枝、维持适宜的负载量等措施来缓解。

七、核桃

（1）药害发生的原因 核桃使用 2,4-D/ 对氯苯氧乙酸（钠）一般不超过 20mg/kg。浓度过大时，会出现叶片卷曲萎蔫、黄化、焦枯；如果使用时期过早，前期坐果过多，后期落果严重；如果在高温干旱时使用，会加重叶片卷曲以及落果现象；在栽培管理不当（如树势衰弱、肥水管理差）、环境条件不适宜（如高温、干旱）等情况下使用，可能在较低浓度下就会发生或加重以上药害症状；在选择药剂时如果选用了"以肥代药"或"三无"产品，由于不知道产品的成分及含量，使用时也无法准确地计算使用浓度，也可能会造成以上药害症状的发生（见表 2-16）。

表2-16　2,4-D/对氯苯氧乙酸（钠）用于核桃发生药害的原因与症状

序号	发生的原因	症状
1	使用时期过早	僵果，前期坐果过多，后期落果严重
2	使用浓度过大或次数过多	叶片卷曲、萎蔫（图2-55）、黄化、焦枯
3	环境条件不适宜（高温、持续阴雨天气）	叶片卷曲、萎蔫（图2-55），落果，僵果，生长不良
4	栽培管理不当（肥水管理不当、树势衰弱、病虫害）	落果，生长不良

（2）常见药害的主要症状　具体症状如图2-55显示。

图2-55　叶片卷曲、萎蔫

（3）药害的预防方法　①掌握好使用技术。2,4-D/对氯苯氧乙酸（钠）的使用效果和安全性与核桃品种、使用时期、使用浓度、使用方法、使用次数等多种因素有关，使用前应根据自身的使用目的，学习和掌握好使用技术，以免因使用不当而引起异常症状的发生。如使用对氯苯氧乙酸（钠）保果时，一般在90%花朵柱头萎蔫变色后3～10天使用5～20mg/kg进行叶面喷雾，保果时不能使用过早、浓度不能过高，否则会出现保果过多、增加僵果和畸形果等现象。②在适宜的环境条件下使用。低温、持续阴雨、高温、土壤黏重或沙性过强等也会引起或加重异常症状的发生，使用时应根据环境条件对使用技术及配套管理措施进行适当调整，以预

防和减轻这些异常症状的发生。比如在连续 7 天温度高于 33℃时，部分核桃品种会出现叶片卷曲、萎蔫，甚至边缘焦枯，引起落果、僵果、生长不良等异常现象，因此，应避免在这种天气情况下使用，以免加重异常症状的发生。③掌握好配套的栽培管理技术。负载量、有效叶片数量、田间的通风透光程度、肥水管理、病虫害等都与异常症状的发生有关，只有做好了配套的栽培管理工作，才能尽可能地避免和减轻药害。比如核桃炭疽病和黑斑病也会引起大量的落叶、落果，影响核桃的产量和品质。应根据核桃的品种、天气情况等及时做好预防工作。

（4）药害的解救办法 ①僵果、落果：一旦发生，目前无有效的解救方法；应在正常天气情况下，适时、适量地使用药剂，同时加强肥水管理、避免营养不足，来预防和减轻。②叶片卷曲、萎蔫：症状轻微的，可通过加强肥水管理，适时适量地使用复合肥或大量元素水溶肥料（松尔肥或施特优），叶面喷施含植物生长调节剂 0.1% 三十烷醇微乳剂（优丰）、2% 苄氨基嘌呤可溶液剂（植生源），和含氨基酸水溶肥（稀施美）的套餐等措施来缓解；症状严重的，不易恢复。③坐果多、生长不良：可通过加强肥水管理，根据树势和负载量适时适量地施入复合肥或大量元素水溶肥料（松尔肥，或施特优，或雨阳），叶面喷施植物生长调节剂 0.1% 三十烷醇微乳剂（优丰），配合含氨基酸水溶肥（稀施美）或含腐植酸水溶肥（络康），及时疏枝、维持适宜的负载量等措施来缓解。

八、芒果

（1）药害发生的原因 芒果使用 2,4-D/ 对氯苯氧乙酸（钠）时，2,4-D 一般使用浓度不超过 5mg/kg，对氯苯氧乙酸（钠）一般使用浓度不超过 13mg/kg。使用时期过早、浓度过大或使用次数过多时，会出现新叶畸形、花枝难以脱落、幼果畸形、僵果、果实青熟等药害症状，如果枝梢幼嫩、木质化程度低，会造成嫩梢卷曲、翻转现象、畸形现象；在栽培管理不当（如树势衰弱、肥水管理差）、环境条件不适宜（如低温、持续阴雨、高温、干旱）等情况下使用，可能在较低浓度下就会发生或加重以上药害症状；在选择药剂时如果选用了"以肥代药"或"三无"产品，由于不知道产品的成分及含量，使用时也无法准确地计算使用浓度，也可能会造成以上药害症状的发生（见表 2-17）。

表 2-17 2,4-D/ 对氯苯氧乙酸（钠）用于芒果发生药害的原因与症状

序号	发生的原因	症状
1	新芽抽发期误用	新叶畸形（图 2-56、图 2-57）
2	2 甲 4 氯类除草剂残留	
3	幼果期使用浓度过大或次数过多	僵果、畸形果（图 2-58、图 2-59），花枝难以脱落（图 2-60），影响后熟，成"青熟"果（图 2-61）

（2）常见药害的主要症状　具体症状如图 2-56～图 2-61 显示。

图 2-56　新叶畸形（一）

图 2-57　新叶畸形（二）

图 2-58　僵果

图 2-59　畸形果

图 2-60　花枝难以脱落

图 2-61　影响后熟，成"青熟"果

（3）药害的预防方法　掌握好使用技术。2,4-D 的使用效果和安全性与芒果品种、使用时期、使用浓度、使用方法、使用次数等多种因素有关，使用前应根据自身的使用目的，学习和掌握好使用技术，以免因使用不当而引起异常症状的发生。由于 2,4-D 在芒果上使用安全性极低，不建议在芒果上使用。

（4）药害的解救办法　①叶片畸形：一旦发生，目前无有效的解救方法；应避免在新梢抽发期使用，同时禁止使用 2 甲 4 氯类除草剂除草来预防。②畸形果、僵果：一旦发生，目前无有效的解救方法，应避免使用 2,4-D 或含 2,4-D 的药剂，保果时选用含有植物生长调节剂 3.6% 苄氨·赤霉酸可溶液剂（优乐果）、8% 对氯苯氧乙酸钠可溶粉剂（贝稼）、0.1% 三十烷醇微乳剂（优丰）和含氨基酸水溶肥（稀施美）等更为安全、有效的套餐来预防。③花枝难以脱落：可通过人工修剪剪除，以防擦伤果实。④影响后熟，出现"青熟"果：一旦发生，目前无有效的解救方法，应避免使用 2,4-D 或含 2,4-D 的药剂，保果时科学合理地使用含有植物生长调节剂 3.6% 苄氨·赤霉酸可溶液剂（优乐果）、8% 对氯苯氧乙酸钠可溶粉剂（贝稼）、0.1% 三十烷醇微乳剂（优丰）和含氨基酸水溶肥（稀施美）等更为安全、有效的套餐来预防。症状轻微的，可根据树势和负载量施用复合肥或大量元素水溶肥料（松尔肥，或施特优，或雨阳水溶肥）和微量元素水溶肥（壮多）；于果实着色初期，喷雾植物生长调节剂 8% 胺鲜酯可溶粉剂（天都）和 0.1% 三十烷醇微乳剂（优丰），配合大量元素水溶肥（冠顶）；同时适当疏果，维持适宜的载果量来缓解；症状严重的，不易恢复。

九、荔枝

（1）**药害发生的原因**　在荔枝梢期使用 2 甲 4 氯类除草剂或前期残留，会出现抽发新梢的叶片卷曲、畸形的药害症状。

在荔枝幼果期（生理落果期）使用 2,4-D/ 对氯苯氧乙酸（钠）时，一般 2,4-D 使用浓度不超过 10mg/kg，对氯苯氧乙酸（钠）使用浓度不超过 30mg/kg，浓度过大时，会出现幼果畸形、僵果、花枝难脱落、裂果加剧等现象；如果在栽培管理不当（如树势衰弱、肥水管理差）、环境条件不适宜（如高温、干旱）等情况下使用，可能在较低浓度下就会发生或加重以上药害；在选择药剂时如果选用了"以肥代药"或"三无"产品，由于不知道产品的成分及含量，使用时也无法准确地计算使用浓度，也可能会造成以上药害症状的发生（见表 2-18）。

表 2-18　2,4-D/ 对氯苯氧乙酸（钠）用于荔枝发生药害的原因与症状

序号	发生的原因	症状
1	2 甲 4 氯类除草剂残留	新叶卷曲、畸形（图 2-62）
2	幼果期使用浓度过大或次数过多	花枝、果枝难以脱落（图 2-63），保果过多、畸形果、僵果（图 2-64），加重裂果（图 2-65）

（2）**常见药害的主要症状**　具体症状如图 2-62 ～图 2-65 显示。

（3）**药害的预防方法**　①掌握好使用技术。2,4-D 的使用效果和安全性与荔枝品种、使用时期、使用浓度、使用方法、使用次数、使用温度等多种因素有关，使

图2-62 叶片卷曲、畸形

图2-63 花枝、果枝不落

图2-64 保果过多、畸形果、僵果

图2-65 加重裂果

用前应根据自身的使用目的，学习和掌握好使用技术，以免因使用不当而引起药害发生。如保果时，一般在谢花后（柱头变褐），使用 0.2～5mg/kg 处理果穗，使用浓度不能过高、次数不能过多，否则会出现保果过多、增加僵果、裂果、花枝不落等现象，也不能使用过晚、浓度过低，否则会出现坐果差的现象。②在适宜的环境条件下使用。在高温的天气使用，会引起或加重药害的发生，使用时应根据环境条件对使用技术及配套管理措施进行适当调整，以预防和减轻药害的发生。如温度对适宜的使用浓度有较大的影响，在推荐的使用浓度范围内，温度高于 25℃时使用较低浓度，反之则使用较高浓度。

（4）药害的解救办法 ①新叶卷曲、畸形：一旦发生，目前无有效的解救方法；应避免使用 2,4-D 或含 2,4-D 的药剂，保果时选用含植物生长调节剂 8% 对氯苯氧乙酸钠可溶粉剂（贝稼）、2% 苄氨基嘌呤可溶液剂（果欢）、0.1% 氯吡脲可溶液剂（果盼）、3.6% 苄氨·赤霉酸可溶液剂（果动力）等更为安全、有效的套餐来预防。②僵果、畸形果：一旦发生，目前无有效的解救方法，应避免使用 2,4-D 或含 2,4-D 的药剂，保果时选用上述更为安全、有效的套餐来预防。③保果过多：可以通过人工疏果，保存适当的载果量。并结合叶面喷施植物生长调节剂 3.6% 苄氨·赤霉酸可溶液剂（果动力）或 0.1% 氯吡脲可溶液剂（果盼）套餐，根据树势和负载量施用大量元素水溶肥料（施特优，或雨阳水溶肥，或施它）和微量元素水溶肥（壮多）来促进果实生长。④裂果：一旦发生，目前无有效的解救方法，可从幼果期开始，叶面喷施中量元素水溶肥（络佳钙）和植物生长调节剂0.1%三十烷醇微乳剂（优丰），根施中量元素水溶肥（络佳钙）和含腐植酸水溶肥（根莱士），同时加强水分管理，维持水分的均衡供应，防止忽干忽湿或后期水分过多等措施来预防和减轻。⑤花枝难以脱落：可通过人工修剪剪除，以防擦伤果实。

十、莲雾

（1）**药害发生的原因**　莲雾使用2,4-D/对氯苯氧乙酸（钠）时，一般2,4-D使用浓度不超过10mg/kg，对氯苯氧乙酸（钠）使用浓度不超过16mg/kg，使用浓度过大或用药次数过多时，易导致莲雾新叶卷曲畸形，后期无法恢复；使用过早，同样易导致莲雾新叶卷曲畸形，后期无法恢复，还易导致僵花和掉蕾；在树势衰弱、肥水管理差、环境条件不适宜等情况下使用，可能较低浓度就会发生或加重以上药害症状；在选择药剂时，如果选用了"以肥代药"或"三无"产品，由于不知道产品的成分及含量，使用时也无法准确地计算使用浓度，也可能会造成以上药害症状的发生（见表2-19）。

表2-19　2,4-D/对氯苯氧乙酸（钠）用于莲雾发生药害的原因与症状

序号	发生的原因	症状
1	使用时期不当（使用过早）	叶片卷曲（图2-66、图2-67、图2-68），僵花、掉蕾（图2-69）
2	使用浓度过大或次数过多	叶片卷曲（图2-66、图2-67、图2-68）

（2）**常见药害的主要症状**　具体症状如图2-66～图2-69显示。

图2-66　紫红色新叶卷曲　　图2-67　嫩黄色新叶卷曲　　图2-68　叶片转绿后仍卷曲

（3）**药害的预防方法**　①掌握好使用技术。2,4-D/对氯苯氧乙酸（钠）的使用效果和安全性与莲雾品种、使用时期、使用浓度、使用次数等多种因素有关，使用前应根据自身的使用目的，学习和掌握好使用技术，以免因使用不当而引起异常症

状的发生。如黑金刚莲雾，使用 2,4-D 保花保果，一般在花蕾期使用 5 ～ 10mg/kg 全株喷施，间隔一周使用一次，共用 1 ～ 2 次。该药剂对新叶生长抑制较为明显，且用量过大会影响果实生长；使用对氯苯氧乙酸（钠）保花保果，一般在花蕾期使用 10 ～ 16mg/kg 全株喷施，间隔一周使用一次，共用 1 ～ 2 次。应根据果园树体长势及落花原因调整用量，用量越大对莲雾嫩叶生长抑制性越强。②在适宜的环境条件

图 2-69　僵花、掉蕾

下使用。低温、持续阴雨、高温等也会引起或加重异常症状的发生，使用时应根据环境条件对使用技术及配套管理措施进行适当调整，以预防和减轻这些异常症状的发生。使用 2,4-D/ 对氯苯氧乙酸（钠）进行保花保果时温度在 25 ～ 32℃一般按正常浓度使用，温度高于 32℃需适当降低浓度使用或待温度恢复正常后再使用，温度低于 25℃可适当增加浓度使用。

（4）药害的解救办法　①叶片卷曲：避免使用过早、浓度过多、次数过多，使用时应重点喷果穗，尽量避免喷至新梢来预防和减轻。症状轻微的，可使用植物生长调节剂 0.1% 三十烷醇微乳剂（优丰），配合含氨基酸水溶肥（稀施美）或含腐植酸水溶肥（络康）促进恢复；症状严重的，不易恢复。②僵花、掉蕾：一旦发生，目前无有效的解救方法；使用时应重点喷果穗，尽量避免喷至幼嫩花蕾，防止使用过早来预防和减轻；已经发生的，应及时疏除。

第三节

赤霉酸

一、柑橘

（1）药害发生的原因　柑橘上使用赤霉酸，一般使用浓度不超过 30mg/kg，使用次数 1 ～ 2 次，使用浓度过大，次数过多，易引起柑橘粗皮果、浮皮果、转色差等现象；在柑橘栽培管理上，前期肥水管理不当，壮果肥施用过晚或偏施氮肥，以及修剪不合理，结果母枝培养不当，强旺枝多等，也可能会引起或加重柑橘粗皮果、浮皮果、转色差等现象的发生；在选择药剂时如果选用了"以肥代药"或"三无"产品，由于不知道产品的成分及含量，使用时也无法准确地计算使用浓度，也

可能会造成以上药害症状的发生（见表2-20）。

表2-20　赤霉酸用于柑橘发生药害的原因与症状

序号	发生的原因	症状
1	使用浓度过大或使用次数过多	粗皮果（图2-70），浮皮果、转色差（图2-71）
2	肥水管理不当，偏施氮肥或壮果肥施用过晚	
3	修剪不合理，结果母枝培养不当，朝天果实多	

（2）常见药害的主要症状　具体症状如图2-70、图2-71显示。

图2-70　粗皮果

图2-71　浮皮果、转色差

（3）药害的预防方法　①掌握好使用技术。赤霉酸的使用效果和安全性与柑橘品种、使用时期、使用浓度、使用方法、使用次数等多种因素有关，使用前应根据自身的使用目的，学习和掌握好使用技术，以免因使用不当而引起异常症状的发生。如保果时，一般在谢花后至第一次生理落果前使用一次，间隔15～20天再使用一次，使用10～30mg/kg进行叶面喷施，根据不同品种使用不同浓度。对于部分新品种，没有使用经验不可随意增加使用浓度和次数。使用浓度过大或使用次数过多容易出现粗皮果、浮皮果、转色差等异常现象。②掌握好配套的栽培管理技术。施肥上，合理施肥，避免偏施氮肥，注重磷、钾、钙、硼、锌等营养元素以及有机质的补充，一般在柑橘前期（萌芽促花期）施用高氮水溶肥为主，中后期（壮果和转色期）施用平衡和高钾水溶肥为主，土壤有机质含量要求2%～3%，要求一年在早春或冬季施用一次有机肥，施用优质生物有机肥300～400kg/亩；幼果期和壮果期加强土壤水分管理，一般要求土壤水分含量70%～80%，干旱时及时浇水，保持适宜的土壤湿度，促进果实生长发育良好，果实成熟期降低土壤湿度，促进果实成熟转色，一般要求土壤水分含量60%左右；修剪上注意培养中庸健壮的结果母枝，夏季修剪时，果多的情况下，可适当疏除部分朝天、粗皮果，保留果皮细腻、商品性好的果实。

（4）药害的解救办法　①粗皮果、浮皮果：一旦发生，无有效解救方法。应通过适当降低使用浓度和使用次数，合理修剪（培养合适的结果母枝、适当少留朝天果）、均衡施肥（避免偏施氮肥，注重磷、钾、钙、硼、锌等营养元素以及有机质的补充），加强水分调控等措施来预防和减轻。②转色慢：可通过增施国光松达生物有机肥，适时适量地施用大量元素水溶肥料（施特优或雨阳水溶肥）和含腐植酸水溶肥（国光根莱士）等；果实生长后期，适当控氮、控水；适时夏剪，疏除朝天果、次果，同时增强通风透光性，促进果实生长和转色，提高果实品质和商品性。

二、石榴

（1）**药害发生的原因**　石榴使用赤霉酸时，一般不超过 9mg/kg。使用浓度过大或次数过多，易加重果实畸形、僵果，不完全花不脱落；另外，在选择药剂时如果选用了"以肥代药"或"三无"产品，由于不知道产品的成分及含量，使用时也无法准确地计算使用浓度，也可能会造成以上药害症状的发生（见表 2-21）。

表 2-21　赤霉酸用于石榴发生药害的原因与症状

序号	发生的原因	症状
1	使用浓度过大或次数过多	果实畸形、僵果、部分不完全花（钟状花）不脱落（图 2-72）

（2）**常见药害的主要症状**　具体症状如图 2-72 显示。

图 2-72　果实畸形、僵果、部分不完全花（钟状花）不脱落

（3）**药害的预防方法**　掌握好使用技术。赤霉酸的使用效果和安全性与石榴品种、使用时期、使用浓度、使用方法、使用次数等多种因素有关，使用前应根据自身的使用目的，学习和掌握好使用技术，以免因使用不当而引起异常症状的发生。如保果时，一般在谢花后至生理落果前使用 6～9mg/kg 叶面喷施一次，根据不同品种使用不同浓度。对于部分新品种，没有使用经验不可随意增加使用浓度和次数，应小面积试验成功后再扩大使用，浓度过高或使用次数过多容易出现果实畸形、僵果、部分不完全花（钟状花）不脱落等异常现象。

（4）**药害的解救办法**　①果实畸形、僵果：一旦发生，目前无有效的解救方法，应通过适时、适量地使用来预防和减轻。轻微畸形的果实，通过加强树体营养补充，叶面喷施植物生长调节剂0.1%三十烷醇微乳剂（优丰）和含氨基酸水溶肥（稀施美），土壤浇施含腐植酸水溶肥（根莱士）和大量元素水溶肥料（施特优），促进果实生长，可适当减轻畸形症状。严重的畸形果、僵果，应提前疏除，减少营养消耗。②不脱落的不完全花（钟状花）：应通过适时、适量地使用来预防和减轻；已经发生的，应及时疏除。

三、猕猴桃

（1）药害发生的原因 翠香猕猴桃在谢花后15～20天，使用赤霉酸喷果时，一般浓度不超过100mg/kg，使用浓度过大时，会出现叶片脱落的现象；在栽培管理不当（如树势衰弱、肥水管理差）、环境条件不适宜（如高温、干旱）等情况下使用，可能在较低浓度下就会发生或加重药害；在选择药剂时如果选用了"以肥代药"或"三无"产品，由于不知道产品的成分及含量，使用时也无法准确地计算使用浓度，也可能会造成以上药害症状的发生（见表2-22）。

表2-22　赤霉酸用于猕猴桃发生药害的原因与症状

序号	发生的原因	症状
1	翠香猕猴桃膨果期高浓度喷雾	叶片从芽体分离脱落（图2-73）、落叶（图2-74）、果实小

（2）常见药害的主要症状 具体症状如图2-73、图2-74显示。

图2-73　叶片从芽体分离脱落　　　　　图2-74　落叶

（3）药害的预防方法 ①掌握好使用技术。赤霉酸在猕猴桃上使用的安全性与猕猴桃品种、药剂使用浓度、使用方法等多种因素有关，使用前应学习和掌握好使用技术，以免因使用不当而引起异常症状的发生。如翠香猕猴桃用200mg/kg赤霉酸+10mg/kg氯吡脲喷果，出现叶片脱落的现象，用低浓度赤霉酸和10mg/kg

氯吡脲喷果，没有出现叶片脱落的现象。②在适宜的环境条件下使用。低温、持续阴雨、高温、干旱等也会引起或加重异常症状的发生，使用时应根据环境条件对使用技术及配套管理措施进行适当调整，以预防和减轻这些异常症状的发生。温度高于35℃时，要适当遮阳，避免高温日灼叶片和果实，同时结合早晚灌水降温。③掌握好配套的栽培管理技术。科学合理抹芽、适时摘心、加强水肥管理等栽培管理措施可不同程度地避免和减轻异常症状的发生。一般1个猕猴桃商品果（大于80g）需6～8片功能叶为其提供有机物质，叶少果多时需要合理疏果。

（4）药害的解救办法　落叶一旦发生，目前还无有效解救方法；可以通过降低使用浓度来预防和减轻落叶；发生落叶后，可以通过施用复合肥或大量元素水溶肥料（松尔肥，或施特优，或雨阳水溶肥，或施它）和含腐植酸水溶肥（根莱士），叶面喷施含氨基酸水溶肥（稀施美）和植物生长调节剂0.1%三十烷醇微乳剂（优丰），合理灌水，适当疏果等措施来促进树体恢复和果实生长。

四、马铃薯

（1）药害发生的原因　马铃薯使用赤霉酸浸种时，切块浸种一般不超过5mg/kg；整薯浸种一般不超过20mg/kg，浓度过大时，会出现幼芽细弱的现象，易折断，影响出苗。苗期（苗高10～15cm）叶面喷施一般使用浓度不超过15mg/kg，浓度大时，幼苗会出现植株徒长，茎秆细弱，节间距长，结薯少，薯块小等现象；如果在肥水管理差、肥力不足的地块使用，还会造成植株生长瘦弱、叶片发黄现象，影响马铃薯产量；在栽培管理不当（如肥水管理差）、环境条件不适宜（如高温、干旱）等情况下使用，可能在较低浓度下就会发生或加重以上药害症状；在选择药剂时如果选用了"以肥代药"或"三无"产品，由于不知道产品的成分及含量，使用时也无法准确地计算使用浓度，也可能会造成以上药害症状的发生（见表2-23）。

表2-23　赤霉酸用于马铃薯发生药害的原因与症状

序号	发生的原因	症状
1	种薯催芽使用浓度过大	分枝多、苗弱（图2-75），茎秆细弱、影响结薯（图2-76）
2	苗期提苗茎叶喷施浓度过大或使用次数过多	植株徒长、茎秆细弱、节间距长（图2-77），结薯少、薯块小（图2-78）
3	干旱或肥力不足	植株生长瘦弱、叶片发黄（图2-79），影响马铃薯产量

（2）常见药害的主要症状　具体症状如图2-75～图2-79显示。

（3）药害的预防方法　①掌握好使用技术。赤霉酸的使用效果和安全性与药

图2-75 分枝多、苗弱　　　　　图2-76 茎秆细弱、影响结薯

图2-77 植株徒长、茎秆细弱、节间距长　　　　图2-78 结薯少，薯块小

图2-79 植株生长瘦弱、叶片黄化

剂使用时期、使用浓度、使用方法、使用次数等多种因素有关，使用前应根据自身的使用目的，学习和掌握好使用技术，以免因使用不当而引起异常症状的发生。如种薯催芽时，一般将切好的马铃薯用 2 ～ 5mg/kg 药剂浸泡 15min，或完整的种薯需要在 5 ～ 10mg/kg 溶液中浸泡 20 ～ 30min，脱毒微型薯选用 10 ～ 20mg/kg 浸泡 25 ～ 30min，催芽时赤霉酸浓度不能过高，否则会出现幼芽细弱的现象，易折

断，影响出苗；如果薯块芽眼已经萌动，切忌使用超过 2mg/kg 浓度赤霉酸来加速萌芽，处理之后的块茎应先吹干表皮，然后置于 12 ～ 15℃室温下直到发芽。将萌发的第 1 个芽抹掉，以防止或减少赤霉酸处理的副作用。而在幼苗促长时，一般在幼苗 10 ～ 15cm 时使用 6 ～ 15mg/kg，促苗时浓度不能过大，否则会出现植株徒长，茎秆细弱，节间距长，结薯少，薯块小等现象。②在适宜的环境条件下使用。遇高温会引起或加重异常症状的发生，使用时应根据环境条件对使用技术及配套管理措施进行适当调整，以预防和减轻异常症状的发生。如在催芽时，超过 20℃时，应当降低使用浓度或待温度降至正常范围后再使用；如幼苗期遇到高温（超过25℃），也应适当降低使用浓度或待温度降至正常范围后再使用。③掌握好配套的栽培管理技术。栽植密度过大、肥水管理不当都会引起或加重异常症状的发生，只有做好了配套的栽培管理工作，才能尽可能地避免和减轻药害。栽植密度一般根据土壤肥力以及品种因素来确定，如中晚熟品种，密度在 4000 ～ 4500 株 / 亩，微型薯密度在 7500 ～ 8000 株 / 亩为宜。肥水管理上应重视有机肥的使用，一般应使用优质生物有机肥 100 ～ 150kg/ 亩配合适量的腐熟农家肥或土杂肥等，苗期应加强根系的养护，使用生根类的氨基酸 / 腐植酸肥，同时应适当控制氮肥，增加磷、钾肥用量，并注意补充钙、镁等中量元素及硼、锌、铁、钼等微量元素。

（4）药害的解救办法　①分枝多，出苗弱，茎秆细弱，影响结薯：由马铃薯催芽过程中，赤霉素使用不当引起，一旦发生此类症状，目前无有效解救方法；应适当降低催芽浓度，以预防和减轻。②植株徒长，茎秆细弱，节间距长，结薯少，薯块小：可通过适当降低使用浓度和使用次数，掌握好用量来预防；症状发生后，可以通过叶面喷施适量的植物生长调节剂 10% 甲哌鎓可溶粉剂（高盼）或 50% 矮壮素水剂（抑灵），配合磷酸二氢钾（国光甲），合理控水，根据植株长势适量使用复合肥或大量元素水溶肥料，如松尔肥（15-5-20）、沃克瑞（16-5-30）、施特优（12-10-28），以调节植株生长，促进生长健壮，防止徒长，促进结薯和薯块生长。③叶片黄化：可通过适当降低使用浓度和使用次数，掌握好用量来预防；发生叶片黄化后，可通过喷施含氨基酸水溶肥料（根宝）或含腐植酸水溶肥（络康）、植物生长调节剂 0.1% 三十烷醇微乳剂（优丰），结合浇水冲施大量元素水溶肥料（施特优）和含腐植酸水溶肥（根莱士）来缓解。

五、苹果

（1）药害发生的原因　苹果使用赤霉酸时，一般使用浓度不超过 30mg/kg。浓度过大时，会出现畸形果、枝条旺长的药害症状，如果使用时期不当（盛花期使用）或低温阴雨时使用，还会出现无籽果或少籽果，这些果实多数在套袋前后脱落。在树势衰弱、肥水管理差等情况下使用，可能在较低浓度下就会发生或加重以上药害症状；在选择药剂时如果选用了"以肥代药"或"三无"产品，由于不知道产品的成分及含量，使用时也无法准确地计算使用浓度，也可能会造成以上药害症状的发生（见表2-24）。

表2-24　赤霉酸用于苹果发生药害的原因与症状

序号	发生的原因	症状
1	使用浓度过大	畸形果（图2-80）、枝条旺长（图2-81）
2	使用时期不当（盛花期使用）或低温持续阴雨时使用	无籽果或少籽果（图2-82），多数在套袋前后脱落

（2）常见药害的主要症状　具体症状如图2-80～图2-82显示。

图2-80　畸形果

图2-81　枝条旺长

图2-82　无籽或少籽苹果

（3）药害的预防方法　①掌握好使用技术。赤霉酸的使用效果和安全性与苹果品种、使用时期、使用浓度、使用方法、使用次数等多种因素有关，使用前应根据自身的使用目的，学习和掌握好使用技术，以免因使用不当而引起异常症状的发生。如促进苹果果形高桩，一般在盛花末期使用赤霉酸20～30mg/kg全株喷施，重点喷花，间隔10天左右使用第二次，不能使用过早、浓度不能过高，否则易保住部分授粉不良产生的无籽果或少籽果、产生畸形果、果形过长、枝梢旺长等现象，也不能使用过晚、浓度过低，否则效果不佳。②在适宜的环境条件下使用。低温、持续阴雨、干旱等也会引起或加重异常症状的发生，使用时应根据环境条件对使用技术及配套管理措施进行适当调整，以预防和减轻这些异常症状的发生。如低温、持续阴雨，不利于自身授粉受精，应加强人工辅助授粉，避免授粉不良产生的无籽或少籽果实因使用赤霉酸而保住，这部分果实在套袋前后大多数会脱落。幼果生长期，过于干旱对果实的生长不利，应及时浇水，保持土壤墒情。③掌握好配套的栽培管理技术。负载量过大、肥水管理不当等都会引起或加重异常症状的发生，只有做好了配套的栽培管理工作，才能尽可能地避免和减轻药害，比如负载量，一般每亩留果12000～18000个。在肥水管理上应增加有机肥的使用，一般应使用优质生物有机肥500～1000kg/亩配合适量的腐熟农家肥或土杂肥等，重视采果肥的施用，及时补充养分，同时应根据树势适当控制氮肥，增加磷、钾肥用量，并注意补充硼、锌、铁、钼等微量元素。

（4）药害的解救办法 ①畸形果：严重的畸形果应及时疏除；轻微的畸形果，可以通过加强肥水管理，根据树势和负载量适时适量地施入复合肥或大量元素水溶肥料（松尔肥，或施特优，或雨阳水溶肥等），促进果实生长，减少畸形现象。②无籽或少籽果：因使用时期不当或气候原因出现无籽或少籽果（表现为果子形状过于细长），应在幼果期及时疏除。③枝条旺长：可以通过增施磷、钾肥，适时、适量地使用大量元素水溶肥料（施特优或雨阳水溶肥），喷施植物生长调节剂50%矮壮素水剂（抑灵）和磷酸二氢钾（国光甲）等措施来缓解。

六、大樱桃

（1）药害发生的原因 大樱桃使用赤霉酸时，全株喷施时一般使用浓度不超过50mg/kg，浓度过大时，会出现叶片旺长、花芽分化不良的药害症状；在栽培管理不当（如树势旺、氮肥使用过多）、环境条件不适宜（如高温、多雨）等情况下使用，可能在较低浓度下就会发生或加重以上药害症状；在选择药剂时如果选用了"以肥代药"或"三无"产品，由于不知道产品的成分及含量，使用时也无法准确地计算使用浓度，也可能会造成以上药害症状的发生（见表2-25）。

表2-25 赤霉酸用于大樱桃发生药害的原因与症状

序号	发生的原因	症状
1	使用浓度过大或使用方法不准确（定向喷雾改为全株喷雾）	叶片旺长（图2-83），花芽分化不良、第二年花少（图2-84）

（2）常见药害的主要症状 具体症状如图2-83、图2-84显示。

（3）药害的预防方法 ①掌握好使用技术。赤霉酸的使用效果和安全性与大樱桃品种、使用时期、使用浓度、使用方法、使用次数等多种因素有关，使用前应根据自身的使用目的，学习和掌握好使用技术，以免因使用不当而引起异常症状的发生。如保花保果时，大棚大樱桃一般在盛花末期-硬核前使用赤霉酸100～150mg/kg单独喷花、果2～3次，露地大樱桃一般在盛花末期-硬核前使用赤霉酸20～50mg/kg全株喷花、果2～3次。保花保果时浓度过高或喷施方法不当，会出现叶片旺长、花芽分化不良等现象，也不能使用过晚、浓度过低，否则会出现坐果差、果实生长缓慢等现象。②在适宜的环境条件下使用。如低温、高温等也会引起或加重异常症状的发生，使用时应根据环境条件对使用技术及配套管理措施进行适当调整，以预防和减轻这些异常症状的发生。如温度低于12℃或高于23℃时，保果效果不佳，温度过高时，也会引起叶片旺长。③掌握好配套的栽培管理技术。如负载量过大、肥水管理不当等都会引起或加重异常症状

图2-83 叶片旺长

图2-84 第二年花少

的发生，只有做好了配套的栽培管理工作，才能尽可能地避免和减轻药害。比如叶果比，一般是 3 ～ 5 片叶带一个果，叶果比不足、挂果过多时，易出现果实生长不良、花芽少等异常现象；肥水管理上应增加有机肥的使用，一般应使用优质生物有机肥 500 ～ 1000kg/ 亩配合适量的腐熟农家肥或土杂肥等，同时应根据品种适当控制氮肥，增加磷、钾肥用量，并注意补充钙、镁等中量元素及硼、锌、铁、钼等微量元素。

（4）**药害的解救办法**　叶片旺长、花芽分化不良，可以通过适当降低使用浓度，采用定向喷雾花、果的方法来预防和减轻；已经出现叶片旺长的，可通过加强肥水管理，适当增施磷钾肥，适时、适量地使用大量元素水溶肥料（施特优或雨阳水溶肥）和磷酸二氢钾（国光甲），采果后根据树势喷施植物生长调节剂30%多唑·甲哌鎓悬浮剂（金美瑞）或 5% 烯效唑可湿性粉剂（爱壮），配合磷酸二氢钾（国光甲）等措施来缓解。

七、冬枣

（1）**药害发生的原因**　冬枣在使用赤霉酸时，保果时一般使用浓度不超过20mg/kg，涂抹甲口时一般使用浓度不超过 50mg/kg。涂抹甲口浓度过大时，会出现枣芽旺长、枣吊旺长、花少的药害症状；保果浓度过大、使用次数过多或用药温度较高时，会出现枣吊旺长、加重落果、花柄拉长、枣果畸形、贪青晚熟等药害症状；在选择药剂时如果选用了"以肥代药"或"三无"产品，由于不知道产品的成分及含量，使用时也无法准确地计算使用浓度，也可能会造成以上药害症状的发生（见表 2-26）。

表2-26　赤霉酸用于冬枣发生药害的原因与症状

序号	发生的原因	症状
1	涂抹甲口用量过大或浓度过高	枣芽旺长、枣吊旺长、花少（图2-85）
2	保果使用浓度过大或次数过多	枣吊旺长、加重落果（图2-86），花柄拉长（图2-87），枣果畸形、贪青晚熟（图2-88）
3	用药时温度较高	花柄拉长（图2-87）

（2）常见药害的主要症状　具体症状如图2-85～图2-88显示。

图2-85　枣芽旺长、枣吊旺长、花少

图2-86　枣吊旺长、加重落果

（3）药害的预防方法　①掌握好使用技术。赤霉酸的使用效果和安全性与枣树品种、使用时期、使用浓度、使用方法、使用次数等多种因素有关，使用前应根据自身的使用目的，学习和掌握好使用技术，以免因使用不当而引起异常症状的发生。如在保果时，不同的枣树品种使用赤霉酸的量也不同，一般情况下骏枣25～30mg/kg、灰枣10～15mg/kg、冬枣15mg/kg左右、子弹头25～30mg/kg；

图2-87 花柄拉长

图2-88 枣果畸形、贪青晚熟

品种不同使用的次数也不同，一般情况下骏枣2～4次、灰枣2～3次、冬枣1～2次、子弹头1～2次。在促进甲口愈合时，一般开春时处理甲口浓度一般在30～50mg/kg，浓度过高会造成萌芽后枣吊细弱、叶片发黄、花蕾分化少、花柄拉长等问题；立秋前处理甲口浓度可在50～100mg/kg。②在适宜的环境条件下使用。持续阴雨、高温等也会引起或加重异常症状的发生，使用时应根据环境条件对使用技术及配套管理措施进行适当调整，以预防和减轻这些异常症状的发生。如用药后温度低于15℃或持续阴雨天超过3天以上，会造成落花落果，保果效果差；应尽量避免在温度高于35℃时使用，否则易造成花蕾的花柄拉长。因此，应在适宜的温度条件下使用，如使用后遇持续的阴雨天应及时补喷赤霉酸，促进坐果。③掌握好配套的栽培管理技术。如田间的通风透光程度、肥水管理、病虫害防治等都与异常症状的发生有关，只有做好了配套的栽培管理工作，才能尽可能地避免和减轻药害。如肥水管理：基肥应增加有机肥的使用，一般应使用优质生物有机肥500kg/亩或腐熟农家肥或土杂肥1000～2000kg/亩等，同时应根据品种和树势适当控制氮肥，增加磷、钾肥用量，并注意补充钙、镁等中量元素及硼、锌、铁、钼等微量元素；坐果前追肥应以高磷、中磷钾水溶肥为主，同时叶面补充硼、锌、铁、钼等微量元素。

（4）药害的解救办法　①花柄拉长、果实畸形：一旦发生，目前无有效的解救方法，应通过适时、适量使用来预防和减轻。②枣芽旺长、枣吊旺长、花少：根据树形培养需求，适当留芽，及时抹除无用枣芽；枣吊有旺长趋势时，可在枣吊6～8片叶时叶面喷施植物生长调节剂50%矮壮素水剂（抑灵）和磷酸二氢钾（国光甲）来延缓枣吊生长，促进花芽分化。③贪青晚熟：可以通过适当降低使用浓度、减少使用次数来预防和减轻；已经发生的，可以通过增施磷钾肥，适时、适量地使用大量元素水溶肥料（施特优或雨阳水溶肥）和磷酸二氢钾（国光甲），叶面喷施含植物生长调节剂8%胺鲜酯水剂（优乐红）、0.1% S-诱抗素水剂（动力）和大量元素水溶肥料（络尔）的套餐，增强树势，适当疏果，维持适宜的载果量，来促进果实生长和着色，改善贪青晚熟现象。

八、桃、李、杏

（1）药害发生的原因 桃、李、杏使用赤霉酸时，一般使用浓度不超过 50mg/kg。使用时期不当、浓度过大或次数过多，会造成新梢旺长，加重生理落果，果园通风透光差，着色不良，同时果实容易出现生长停滞（僵果）、种仁败育果实，后期如遇不良气候等影响，会加重果实裂果等的药害症状；在栽培管理不当（如树势衰弱、肥水管理差）、环境条件不适宜（如高温、干旱）等情况下使用，可能在较低浓度下就会发生或加重以上药害症状；在选择药剂时如果选用了"以肥代药"或"三无"产品，由于不知道产品的成分及含量，使用时也无法准确地计算使用浓度，也可能会造成以上药害症状的发生（见表 2-27）。

表 2-27　赤霉酸用于桃、李、杏等发生药害的原因与症状

序号	发生的原因	症状
1	使用浓度过大或次数过多	新梢旺长（图 2-89、图 2-90），保住部分种仁败育（图 2-91），僵果（图 2-92），裂果（图 2-93），着色不良（图 2-94）
2	使用时期不当	部分新梢旺长（图 2-89、图 2-90），加重生理落果；僵果（图 2-92）

（2）常见药害的主要症状 具体症状如图 2-89 ～图 2-94 显示。

图 2-89　新梢旺长（一）

图 2-90　新梢旺长（二）

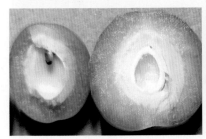

图 2-91　李种仁败育果

图 2-92　僵果

图 2-93　桃裂果　　　　　　　　　图 2-94　着色不良

（3）**药害的预防方法**　①掌握好使用技术。赤霉酸的使用效果和安全性与品种、使用时期、使用浓度、使用方法、使用次数等多种因素有关，使用前应根据自身的使用目的，学习和掌握好使用技术，以免因使用不当而引起异常症状的发生。如保果时，一般在谢花末期（80%）左右使用 10～50mg/kg 全株喷雾，保果时不能使用过早，否则会出现部分新梢旺长、加重生理落果等现象，使用浓度不宜过大或次数过多，否则会出现保住部分种仁败育果、僵果、新梢旺长等现象。而在膨大果实时，一般在谢花后 15～30 天，使用 10～20mg/kg 全株喷雾；膨果时期不宜过早，否则会出现部分新梢旺长，使用浓度不宜太高或次数过多，否则会出现畸形果、僵果等现象，也会增加裂果风险，加重着色不良现象的发生，同时药剂喷施不均匀，也易造成果实畸形。②在适宜的环境条件下使用。低温、持续阴雨、高温、土壤黏重或沙性过强等也会引起或加重异常症状的发生，使用时应根据环境条件对使用技术及配套管理措施进行适当调整，如遇 10℃ 以下低温和持续阴雨天气，应增加使用次数和用量，以此来预防和减轻这些异常症状的发生。③掌握好配套的栽培管理技术。负载量、有效叶片数量、田间的通风透光程度、肥水管理、病虫害防治等都与异常症状的发生有关，只有做好了配套的栽培管理工作，才能尽可能地避免和减轻药害。桃树负载量维持叶果比在（30～80）：1 左右，适时疏果，一般长枝留取 4～6个，中果枝留取 3～5个，短果枝留取 2～3个，花序状果枝留取 1个或不留果，才能提高果实的品质；肥水管理上应增加有机肥的使用，一般应使用优质生物有机肥松达 500～1000kg/ 亩，配合适量的腐熟农家肥或土杂肥等，同时应根据品种适当控制氮肥，增加磷、钾肥用量，并注意补充钙、镁等中量元素及硼、锌、铁、钼等微量元素。

（4）**药害的解救办法**　①新梢旺长：发现新梢有旺长趋势时，定向喷雾植物生长调节剂 50% 矮壮素水剂（抑灵），或国光 98% 甲哌鎓可溶粉剂，或 30% 多唑·甲哌镓悬浮剂（金美瑞），配合大量元素水溶肥（冠顶）和磷酸二氢钾（国光甲），根据新梢旺长的程度选择合适的浓度和使用次数，可有效缓解新梢的旺长。②僵果：一旦发生，目前无有效的解救方法，可以适当降低使用浓度、减少使用次数，适当推迟使用时期来预防僵果；已经发生的僵果现象，应及时疏除，促进剩余正常果实生长发育。③种仁败育果实：适当降低使用浓度、减少使用次数，适当推迟使用时期，同时加强栽培管理，注重中微量元素（硼、锌）补充，可降低种仁败育果实的比例；硬核期能分辨出种仁败育果实时，及时疏除。④畸形果：一旦发生，目前无有效的解救方法，应通过适时、适量地使用和科学合理地喷雾，来预防和减轻。⑤裂果：可以适当增施钙、硼等中微量元素肥，从幼果期开始，叶面喷施中量元素水溶肥（络佳钙、络琦钙镁、金美盖）、植物生长调节剂 0.1% 三十烷醇微乳剂（优丰）或 0.01% 24-表芸苔素内酯可溶液剂，结合肥水施入中量元素水溶肥（络佳钙、络琦钙镁、金美盖），加强水分管理，维持水分的均衡供应，防止忽干忽湿或后期水分过多等措施来缓解。⑥着色不良：可以通过加强肥水管理，根据树势和负载量适时适量地施入高钾复合肥或大量元素水溶肥料（松尔肥，或施特优，或雨阳水溶肥，或沃克瑞），叶面喷施含氨基酸水溶肥（稀施美）或含腐植酸水溶肥（络康）、植物生长调节剂 0.1% 三十烷醇微乳剂（优丰）或 0.01% 24-表芸苔素内酯可溶液剂（芸飒），增强树势，维持适当的载果量和功能叶片等措施来缓解；同时注重夏季修剪，保证果园通风透光，在果实开始上色阶段，喷雾植物生长调节剂 8% 胺鲜酯水剂（施果乐）、0.1% 三十烷醇微乳剂（优丰）和磷酸二氢钾（国光甲）促进上色。

九、葡萄

（1）药害发生的原因　赤霉酸在葡萄上主要用于拉长花穗、诱导无核、保果及膨果。拉长花穗时，一般在花序分离期（开花前 15 天左右）定向处理花穗，使用浓度不超过 15mg/kg；诱导无核时，一般在花序满开至满开后 2 天左右定向处理果穗，使用浓度不超过 30mg/kg；保果时，一般在谢花后 5 天左右定向处理果穗，使用浓度不超过 25mg/kg；膨果时，一般在谢花后 15 天左右定向处理果穗，使用浓度不超过 50mg/kg。不按品种特性或需求盲目使用，使用浓度过大、使用时期偏早或使用次数过多，会造成穗轴发硬、大小粒严重，坐果差、穗轴细长，拉长过度甚至卷曲，发黄僵果等药害发生。使用时不根据气候条件适当调整使用浓度，使用前后不注重良好的水肥及田间管理，可能在较低浓度下就会发生或加重以上药害症状；或者在选择药剂时如果选用了"以肥代药"或"三无"产品，由于不知道产品的成分及含量，使用时也无法准确地计算使用浓度，也可能会造成药害的发生（见表 2-28）。

表2-28 赤霉酸用于葡萄发生药害的原因与症状

序号	发生的原因	症状
1	拉花穗使用浓度过大或时期过早或次数过多	穗轴硬、大小粒严重（图2-95），坐果差、果梗细长、僵果（图2-96），拉长过度、穗轴卷曲、发黄、僵果（图2-97）
2	拉花穗遇气候异常（高温干旱、持续阴雨）或通风透光差果园郁闭	
3	保果膨果时使用浓度过大或时期过早或次数过多	加重大小粒、果粒发黄、生长不良（图2-98），果梗细长、果粒偏长（图2-99），僵果、大小粒（图2-100）
4	保果膨果时树势偏弱或果园郁闭通风透光差	大小粒、果粒发黄、生长不良（图2-98）

（2）常见药害的主要症状 具体症状如图2-95～图2-100显示。

（3）药害的预防方法 ①掌握好使用技术。赤霉酸的使用效果和安全性与葡萄品种、使用时期、使用浓度、使用方法、使用次数等多种因素有关，使用前应根据自身的使用目的，学习和掌握好使用技术，以免因使用不当引起异常症状的发生。如拉长花序，一般在花序分离期（开花前15天左右）使用4～15mg/kg处理花穗，拉花时间不宜过晚、浓度不能过高，否则容易出现拉长过度、穗轴发硬、卷缩、大小粒等现象，也不能过早、浓度过低，否则拉穗效果不理想；在诱导无核时，一

图2-95 穗轴硬、大小粒严重

图2-96 坐果差、果梗细长、僵果

图2-97 拉长过度、穗轴卷曲、发黄、僵果

图2-98 大小粒、果粒发黄、生长不良

图 2-99　果梗细长、果粒偏长　　　　　　图 2-100　僵果、大小粒

般在花序满开至满开后 2 天左右使用 10 ～ 30mg/kg 处理果穗，使用浓度过低，无核率低，使用浓度过高，会造成穗轴过硬，甚至卷缩；在保果时，一般在谢花后 5 天左右使用 5 ～ 25mg/kg 处理果穗，使用浓度过低，保果效果差，使用浓度过高，会造成果粒变形，穗轴过硬，穗形松散等现象；膨果时，一般在谢花后 15 天左右使用 20 ～ 50mg/kg 处理果穗，使用浓度过低，膨大效果差，果子小，使用浓度过高，会增加裂果风险，造成穗轴过硬。②在适宜的环境条件下使用。低温、持续阴雨、高温、土壤黏重或沙性过强等也会引起或加重异常症状的发生，使用时应根据环境条件对使用技术及配套管理措施进行适当调整，以预防和减轻这些异常症状的发生。如遇低温、持续阴雨，温度在 18℃ 以下时，一般不建议进行花穗拉长处理，高于 28℃ 时，适当降低浓度使用；大棚或设施栽培因温湿度偏高，利于穗轴伸长，应适当降低浓度或不使用。③掌握好配套的栽培管理技术。负载量、有效叶片数量、田间的通风透光程度、肥水管理、病虫害防治等都与异常症状的发生有关，只有做好了配套的栽培管理工作，才能尽可能地避免和减轻药害。比如通风情况，园区通风状况良好，利于花穗拉长及保果膨果效果体现，园区郁闭，容易造成花穗发卷，加重落花落果；如花期遇持续低温、阴雨等异常天气，保果膨果时适当推迟用药时间，并做好花穗修整，加强根系养护更利于幼果生长。

（4）药害的解救办法　①穗轴卷曲、发黄、坐果差，僵果，果梗细长，果面灼伤等：一旦发生，目前还没有有效的解救办法，应通过适时、适量地使用来预防和减轻这些副作用的产生。②花穗拉长过度：症状轻微时，可在观察到部分花穗有过度伸长的迹象时，及时掐去穗尖（花穗尾部），加强园区通风透光，适当控制肥水以控制穗轴进一步伸长；并在后续疏果时，适当修整穗形，合理减少疏果量，以提高穗形紧凑度；症状严重时，及时疏除花穗。③大小粒：可通过在谢花后及时整理果穗，促进毛粒脱落，并加强疏果、定穗和加强肥水管理等措施来缓解。④裂果：应通过避免偏施氮肥，适当增施钙、硼等中微量元素肥，可从幼果期开始，叶面喷施植物生长调节剂 0.1% 三十烷醇微乳剂（优丰）和中量元素水溶肥（络佳钙），结合肥水施入中量元素水溶肥（络佳钙，或络琦钙镁，或金美盖），加强水分管理，维持水分的均衡供应，防止忽干忽湿或后期水分过多等措施来缓解。⑤生长不良：可以通过加强肥水管理，根据树势和负载量适时适量地施入复合或大量元素水溶肥料（沃克瑞，或施特优，或雨阳水溶肥），和含氨基酸水溶肥（根宝），或含腐植酸水溶肥（根莱士），或含氨基酸水溶肥（冲丰），维持适当的载果量和功能叶片，叶面喷施含植物生长调节剂 2% 苄氨基嘌呤可溶液剂（植生源）、0.1% 三十烷醇微乳剂（优丰）和含氨基酸水溶肥（稀施美）的套餐，或 0.01% 24-表芸苔素内酯可溶液剂，或 0.1% S-诱抗素水剂（动力）套餐，增强树势等措施来缓解。⑥坐果差：症状轻微时，可及时掐去穗尖，适当减少疏果量，加强肥水管理，及时冲施含腐植酸水溶肥（根莱士）和大量元素水溶肥料（施特优或施它），促进果粒生长，增加果穗紧凑度；症状严重时，及时疏除果穗。⑦着色不良：可通过适当增施国光松达生物有机肥，根据树势和负载量适时、适量地使用大量元素水溶肥料（施特优或雨阳水溶肥）和磷酸二氢钾（国光甲），多留功能叶，叶面喷施含氨基酸水溶肥（稀施美）或含腐植酸水溶肥（络康）、植物生长调节剂 0.1% 三十烷醇微乳剂（优丰）或 0.01% 24-表芸苔素内酯可溶液剂增强树势，适当疏除部分多余果穗，维持适宜的载果量来改善。⑧品质下降：可以通过增施国光松达生物有机肥及中量元素水溶肥（络琦钙镁或金美盖）或微量元素水溶肥（络微或壮多），剪除过多果穗、加强叶面营养，维持适当的载果量，多留功能叶片等措施来缓解。

十、蔬菜

（1）药害发生的原因 蔬菜使用赤霉酸时，一般使用浓度不超过 10mg/kg。使用浓度过大或次数过多时，会出现植株旺长、节间距长、茎秆细长、叶片黄化、落花落果、果实发育不良现象；在低温、持续阴雨或高温期使用，会出现植株旺长、新叶黄化，顶芽徒长，萎蔫，花器发育不良，落花落果现象；在肥水搭配不合理、杂草过多、病虫害发生严重、环境条件不适宜等情况下使用，可能在较低浓度下就会发生或加重以上药害症状；在选择药剂时如果选用了"以肥代药"或"三无"产品，由于不知道产品的成分及含量，使用时也无法准确地计算使用浓度，也可能会造成以上药害症状的发生（见表 2-29）。

表 2-29　赤霉酸用于蔬菜发生药害的原因与症状

序号	发生的原因	症状
1	使用浓度过大或次数过多	植株旺长，节间距长（图 2-101），叶片黄化（图 2-102）
2	低温、持续阴雨或高温期使用	加重落花落果（图 2-103），顶芽徒长、萎蔫
3	肥水管理不当（偏施氮肥）	落花落果（图 2-103），花发育不良（图 2-104），果实发育不良（图 2-105）

（2）常见药害的主要症状　具体症状如图 2-101 ～图 2-105 显示。

（3）药害的预防方法　①掌握好使用技术。赤霉酸的使用效果和安全性与蔬菜品种、使用时期、使用浓度、使用方法、使用次数等多种因素有关，使用前应根据自身的使用目的，学习和掌握好使用技术，以免因使用不当而引起异常症状的发生。如苗期提苗或缓解药害，使用 6 ～ 10mg/kg 的赤霉酸全株喷施，具有促进幼苗生长、恢复长势的作用。使用浓度不能过高，次数不能太多，否则会出现植株旺

图 2-101　植株旺长，节间距长

图 2-102　叶片黄化

图 2-103　落花落果

图2-104 花发育不良

图2-105 果实发育不良

长、叶片黄化等现象。②在适宜的环境条件下使用。低温、持续阴雨、高温、土壤黏重或沙性过强等也会引起或加重异常症状的发生，使用时应根据环境条件对使用技术及配套管理措施进行适当调整，以预防和减轻这些异常症状的发生。如开花期遇低温、持续阴雨天气，温度在18℃以下时，一般会适当增加使用浓度，在18～30℃之间时，按正常浓度使用，高于30℃时，适当降低使用浓度或待温度降至正常范围后再使用。③掌握好配套的栽培管理技术。如负载量、有效叶片数量、田间的通风透光程度、肥水管理、病虫害防治等都与异常症状的发生有关，只有做好了配套的栽培管理工作，才能尽可能地避免和减轻药害。如肥水管理上应增加有机肥的使用，一般应使用优质生物有机肥100～200kg/亩，配合适量的腐熟农家肥或土杂肥等，注意增施磷、钾肥，并补充钙、镁等中量元素及硼、锌、铁、钼等微量元素；同时，针对旺长植株应控制氮肥，控水，对于弱株应适当补充氮肥。

（4）药害的解救办法 ①植株旺长，节间距长、叶片黄化：应在正常天气条件下，适时、适量使用，并加强肥水管理，避免偏施氮肥、水分偏多，来预防和减轻。发现有旺长趋势时，可使用植物生长调节剂10%甲哌鎓可溶粉剂（高矧）或50%矮壮素水剂（抑灵），配合磷酸二氢钾（国光甲），同时注意均衡施肥，适当增施磷、钾肥，适时、适量使用复合肥或大量元素水溶肥料（施特优，或施它，或沃克瑞）和含腐植酸水溶肥（根莱士）等来延缓植株生长，平衡营养生长与生殖生长。②落花落果：除科学合理的药剂使用和肥水管理外，在症状发生前，可以喷施含植物生长调节剂2%苄氨基嘌呤可溶液剂（植生源）、0.1%三十烷醇微乳剂（优丰）和含氨基酸水溶肥（稀施美）的套餐来预防和减轻，番茄可以使用8%对氯苯氧乙酸钠可溶粉剂（贝稼）来防止落花落果，落花落果症状一旦发生，目前无有效的解救方法。③花发育不良、果实发育不良：症状轻微时，可通过加强营养管理，适当增施磷、钾肥，适时、适量使用复合肥或大量元素水溶肥料（施特优，或施它，或沃克瑞或雨阳水溶肥）和含腐植酸水溶肥（根莱士），提供充足的养分，健壮植株，促进花、果发育来缓解；症状严重时，及时疏除发育不良的果实。

十一、茶树

（1）药害发生的原因　茶树生长期使用赤霉酸，一般浓度不超过 25mg/kg。茶树休眠期使用赤霉酸，一般浓度不超过 50mg/kg。浓度过大、次数过多会导致新梢节间长、茎秆纤细、百芽重降低、成品茶含水量升高，干物质积累下降、品质降低现象；树势衰弱、肥水不足等情况会导致百芽重降低现象；茶树休眠期使用赤霉酸后当萌芽期遇到倒春寒、霜冻等气候，容易出现茶芽和新梢冻害加重现象；在选择药剂时如果选用了"以肥代药"或"三无"产品，由于不知道产品的成分及含量，使用时也无法准确地计算使用浓度，也可能会造成以下药害症状的发生（见表 2-30）。

表 2-30　赤霉酸用于茶树发生药害的原因与症状

序号	发生的原因	症状
1	使用浓度过大或次数过多	新梢节间长、茎秆纤细（图2-106），百芽重降低（图2-107），成品茶含水率升高、干物质积累下降、品质降低（图2-108）
2	栽培管理不当（树势衰弱、肥水管理差）	百芽重降低（图2-107）
3	环境条件不适宜（倒春寒、霜冻）	茶芽和新梢抵抗低温冻害能力弱，易受冻害（图2-109）

（2）常见药害的主要症状　具体症状如图 2-106～图 2-109 显示。

（3）药害的预防方法　①掌握好使用技术。赤霉酸的使用效果和安全性与茶叶品种、使用时期、使用浓度、使用方法、使用次数等多种因素有关，使用前应根据自身的使用目的，学习和掌握好使用技术，以免因使用不当而引起异常症状的发生。如赤霉酸在茶树上一般用 10～50mg/kg，每个茶季使用 1～2 次，间隔 20～30 天使用 1 次。如使用浓度过大、使用次数过多，容易出现茶叶新梢生长过快，节间拉长，茶芽及茎秆细长，单芽重降低；制成成品茶易破碎；茶叶含水率升高，干物质积累下降，茶叶品质降低等异常现象。②在适宜的环境条件下使用。低

（a）新梢节间正常　　　　　　　　（b）新梢节间长、茎秆纤细

图 2-106　茶树新梢节间正常生长和不正常生长对比图

（a）正常茶芽　　　　　　　　（b）百芽重降低

图 2-107　正常茶芽和重量降低茶芽对比图

图 2-108　成品茶含水率升高，干物质积累下降、品质降低

图 2-109　茶芽和新梢抗低温冻害能力弱，受冻害

温、持续阴雨、高温、土壤黏重或沙性过强等也会引起或加重异常症状的发生，使用时应根据环境条件对使用技术及配套管理措施进行适当调整，以预防和减轻这些异常症状的发生。如遇倒春寒和霜冻天气，会对新出的茶芽造成冻伤，应调整

赤霉素的使用时期或待温度稳定后再使用。③掌握好配套的栽培管理技术。如树势弱、田间的通风透光程度差、肥水管理差、病虫害等都会引起或加重异常症状的发生，只有做好了配套的栽培管理工作，才能尽可能地避免和减轻药害。比如肥水管理，严禁只施氮肥，茶树施肥应基肥和追肥相结合，基肥应使用优质生物有机肥200～300kg/亩、高浓度复合肥40～50kg/亩，应根据品种适当控制氮肥，增加磷、钾肥用量，并注意补充钙、镁、硫、硼、锌、铁、钼等中微量元素。追肥应分别在春茶前、夏茶前、秋茶期分三次施用，每次使用高浓度复合肥25～50kg/亩。④极端天气影响。使用赤霉酸用于早春茶叶促早芽时，茶芽提早萌动，在茶芽进入萌动期后，如遇到倒春寒、霜冻天气，萌发后的茶芽抗寒能力弱，导致茶芽冻害严重。易发生倒春寒或霜冻的茶园应禁止使用。

（4）药害的解救办法 ①新梢生长过快：可通过降低使用浓度，减少使用次数来预防；已经发生的，应及时采摘茶叶，可刺激茶叶腋芽萌发，增加产量。②茶芽及茎秆细长，单芽重降低：通过适当增施国光松达生物有机肥，叶面喷施含氨基酸水溶肥（稀施美）和大量元素水溶肥（雨阳水溶肥）可提高茶芽单芽重。③茶叶含水量提高、干物质积累降低引起的品质下降：可以适当增施国光松达生物有机肥，叶面喷施含氨基酸水溶肥（稀施美）或含腐植酸水溶肥（络康）、植物生长调节剂0.1%三十烷醇微乳剂（优丰）来改善。④偏施氮肥导致生长不良、品质降低：可以适当增施国光松达生物有机肥，根据长势，施用复合肥或大量元素水溶肥料（松尔肥或施特优），叶面喷施含氨基酸水溶肥（稀施美）或含腐植酸水溶肥（络康）、植物生长调节剂0.1%三十烷醇微乳剂（优丰）和2%苄氨基嘌呤可溶液剂（植生源）来改善。⑤倒春寒引起的茶芽受冻：冻害轻微的，可在芽叶上结冰融化后，叶面喷施植物生长调节剂0.1%三十烷醇微乳剂（优丰）和含氨基酸水溶肥（稀施美）等措施来缓解；冻害严重的，不易恢复，应立即进行轻修剪，修剪深度为冻伤枝条处往下1～2cm。⑥制成成品茶易破碎：可以通过降低使用浓度，减少使用次数，同时适当增施磷钾肥，适时、适量地使用国光松达生物有机肥和复合肥料（松尔肥），叶面喷施含氨基酸水溶肥（稀施美）或含腐植酸水溶肥（络康）、植物生长调节剂0.1%三十烷醇微乳剂（优丰）等措施来预防和减轻。

十二、芒果

（1）药害发生的原因 芒果使用赤霉酸时，果期一般使用浓度不超过90mg/kg，现蕾期、梢期一般使用浓度不超过15mg/kg。促进新梢抽发时使用次数过多或浓度过大，会出现新梢徒长，影响后期开花结果；保果时使用过早，会出现花畸形、雄花比例高、坐果率低、爆花等药害症状；拉长花序时使用过量，会出现花柄拉长、雄花比例高、保果难等问题；保果塑形时使用浓度过大或次数过多或遇低温阴雨天气或产品乳化性差、水溶性差，会出现果面灼伤、商品性差等药害症状；在栽培管理不当（如负载量过大、有效叶片不足、树势衰弱、肥水管理差）、环境条件不适宜（如低温、持续阴雨、高温）、土壤沙性过强或偏黏重等情况下使用，可能在较低浓度下就会发生或加重以上药害症状；在选择药剂时如果选用了"以肥代药"或"三无"产品，由于不知道产品的成分及含量，使用时也无法准确地计算使用浓度，也可能会造成以上药害症状的发生（见表2-31）。

表2-31 赤霉酸用于芒果发生药害的原因与症状

序号	发生的原因	症状
1	促进新梢抽发时使用次数过多或浓度过大	新梢徒长、影响后期开花结果（图2-110）
2	保果时使用过早	花畸形、雄花比例高、坐果率低（图2-111），爆花（图2-112）
3	拉长花序时使用过量	花柄拉长、雄花比例高、保果难（图2-113）
4	保果塑形时浓度过大或次数过多或遇低温阴雨天气或产品乳化性差	果面灼伤（"长胡子"是果面灼伤症状的一种）、商品性差（图2-114、图2-115、图2-116、图2-117）

（2）常见药害的主要症状 具体症状如图2-110～图2-117显示。

（3）药害的预防方法 ①掌握好使用技术。赤霉酸的使用效果和安全性与芒果品种、使用时期、使用浓度、使用方法、使用次数等多种因素有关，使用前应

图2-110 新梢徒长

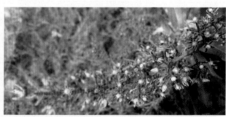
图2-111 花畸形、雄花比例高、坐果率低

图2-112 爆花

图2-113 花柄拉长、雄花比例高、保果难

图 2-114 果面灼伤（一）

图 2-115 果面灼伤（二）

图 2-116 果面灼伤（三）

图 2-117 "长胡子"

根据自身的使用目的，学习和掌握好使用技术，以免因使用不当而引起异常症状的发生。如保果时，一般在谢花 80% 左右使用 10 ～ 12mg/kg 处理幼果，保果时不能使用过早、浓度不能过高，否则会出现保果过多、疏果困难等现象，也不能使用过晚、浓度过低，否则会出现坐果差的现象；而在膨大果实时，一般在垂果后使用 20 ～ 30mg/kg 处理果实，使用浓度过低，膨大效果差，果子小，使用浓度过高，可能出现转色不均匀等异常现象。②在适宜的环境条件下使用。低温、持续阴雨、高温、土壤黏重或沙性过强等也会引起或加重异常症状的发生，使用时应根据环境条件对使用技术及配套管理措施进行适当调整，以预防和减轻这些异常症状的发生。如幼果期遇低温、持续阴雨，温度在 25℃ 以下时，应适当降低使用浓度或待温度上升后再使用，在 25 ～ 30℃ 之间时，按正常浓度使用，高于 35℃ 时，应不用或待温度降至正常范围后再使用。

（4）药害的解救办法 ①新梢徒长、影响后期开花结果：一旦发生，目前无有效解决办法，应适时、适量科学使用来预防和减轻。发现新梢有徒长趋势时，可使用植物生长调节剂 5% 烯效唑可湿性粉剂（爱壮）和国光 98% 甲哌鎓可溶粉剂，配合大量元素水溶肥（冠顶）或磷酸二氢钾（国光甲）控制其生长（视情况可以结合土埋国光多效唑控梢），促进成花坐果。②爆花、畸形花、花柄拉长、雄花比例高、保果难：一旦发生，目前无有效的解救方法，应通过适时、适量使用，避免过早使用，来预防和减轻；发生轻微的，可适时、适量地使用植物生长调节剂0.1%氯吡脲可溶液剂（果盼或高恋）、3.6%苄氨·赤霉酸可溶液剂（优乐果）和3%赤霉酸乳油（顶跃或赤美）提高坐果率；发生严重的，及时疏除异常花序，可结合当地成花物候期，考虑是否促发第二批花。③果面灼伤：一旦发生，目前无有效的解救方法，应通过选用乳化性较好的植物生长调节剂3%赤霉酸乳油（顶跃或赤美），在晴朗、温度较高的天气，适时、适量使用，来预防和减轻。

十三、火龙果

（1）**药害发生的原因**　火龙果在使用赤霉素时，一般果期使用浓度不超过10mg/kg，使用浓度过大或使用次数过多时，会推迟和影响果实转色，呈"阴阳果"；使用时期过早，如刚谢花就使用，易导致鳞片拉长、反卷，影响果实商品性；使用方法不当，误喷至枝条，枝条上则易抽发畸形芽，误喷至花蕾，花蕾谢花后则易出现鳞片保留过多，尾部鳞片长，果实整体偏长；在栽培管理不当（如树势衰弱、肥水管理差）、环境条件不适宜等情况下使用，可能较低浓度就会发生或加重以上药害症状；在选择药剂时，如果选用了"以肥代药"或"三无"产品，由于不知道产品的成分及含量，使用时也无法准确地计算使用浓度，也可能会造成以上药害症状的发生（见表2-32）。

表2-32　赤霉酸用于火龙果发生药害的原因与症状

序号	发生的原因	症状
1	使用时期过早	鳞片拉长、反卷，商品性差（图2-118），包装运输过程中，鳞片易被折断，引起果实腐烂
2	使用浓度过大	推迟和影响着色，呈"阴阳果"（图2-119）
3	使用次数过多	推迟和影响着色，呈"阴阳果"（图2-119），着色异常、颜色暗红（图2-120）
4	使用方法不当，误喷枝条或花朵	误喷枝条造成抽生畸形芽（图2-121），影响枝条使用寿命；误喷花朵造成果实鳞片保留过多、尾部鳞片长（图2-122），果偏长，商品性差
5	低温、持续阴雨或高温时使用	果实生长不良，果面出现裂纹/裂果（图2-123）
6	肥水管理不当，偏施氮肥、营养不足等	果实着色异常、颜色暗红（图2-120）

（2）**常见药害的主要症状**　具体症状如图2-118～图2-123显示。

（3）**药害的预防方法**　①掌握好使用技术。赤霉酸的使用效果和安全性与火龙果品种、使用时期、使用浓度、使用方法、使用次数等多种因素有关，使用前应

图2-118 鳞片拉长、反卷，商品性差　　图2-119 推迟和影响着色，呈"阴阳果"

图2-120 着色异常、颜色暗红　　　　图2-121 抽生畸形芽

图2-122 鳞片保留过多、尾部鳞片长　　图2-123 果面出现裂纹/裂果

根据自身的使用目的，学习和掌握好使用技术，以免因使用不当而引起异常症状的发生。如膨果时，一般在谢花后10天左右使用6～10mg/kg处理果面，使用时期不能过早、浓度不能过高、不能喷施到枝条上，否则会出现鳞片反卷、裂果、阴阳果、品质下降、畸形芽等异常现象。②在适宜的环境条件下使用。低温、持续阴雨、高温等也会引起或加重异常症状的发生，使用时应根据环境条件对使用技术及配套管理措施进行适当调整，以预防和减轻这些异常症状的发生。温度低于25℃时，可适当降低浓度使用，温度在25～35℃时，可按正常浓度使用，温度高于35℃时，不建议使用。③掌握好配套的栽培管理技术。负载量大、田间的通风透光

程度差、肥水管理不良、病虫害发生等都会引起或加重异常症状，只有做好了配套的栽培管理工作，才能尽可能地避免和减轻药害。因火龙果是分批连续挂果作物，每批次产量根据种植产区气候、树势、水肥管理条件不同而不同，如每年自然花的第二、第三批，花量一般比较大，树体营养相对充足，气候相对较好，可适当留多果，建议丰产树两批产量可控制在 1500 ～ 1750kg/ 亩，避免挂果过多，出现果实生长不良、着色异常、颜色暗红、过度削弱树势等异常现象。

（4）药害的解救办法 ①鳞片拉长、反卷，果皮颜色暗红：一旦发生，目前无有效的解救方法。应选择在天气晴朗、温度适宜时，适时、适量地科学使用，同时加强营养补充，避免偏施氮肥等措施来预防和减轻。②抽发畸形芽、果实鳞片拉长：一旦发生，目前无有效的解救方法，应精准用药，只喷用药批次果实，避免喷至枝条或后批花朵上。已抽发的畸形芽，不需特别处理，后期会自然掉落。③果面出现裂纹 / 裂果：一旦发生，目前无有效的解救方法，可从幼果期开始，叶面喷施中量元素水溶肥（络佳钙）和植物生长调节剂 0.1% 三十烷醇微乳剂（优丰），根施中量元素水溶肥（络佳钙）和含腐植酸水溶肥（根莱士），同时通过加强水分管理，维持水分的均衡供应，防止忽干忽湿或后期水分过多等措施来预防和减轻。④阴阳果、着色不良、品质下降：可以增施国光松达生物有机肥，根据树势和负载量，适时、适量地使用复合肥或大量元素水溶肥料（松尔肥，或施特优，或雨阳水溶肥，或沃克瑞）和微量元素水溶肥（壮多），果实着色初期，叶面喷施植物生长调节剂 8% 胺鲜酯可溶粉剂（天都）和 0.1% 三十烷醇微乳剂（优丰）和大量元素水溶肥（冠顶）等措施来促进着色，提高品质。

十四、杨树、柳树

（1）药害发生的原因 杨树、柳树使用赤霉酸输液时，一般用量每 10cm 胸径不超过 2g（20% 赤霉酸），浓度过大时，会导致第二年发芽推迟，枝条中下部萌芽减少，树冠枝叶变稀疏，严重时会导致树冠基部的细小枝条部分干枯死亡；在栽培管理不当（如树势衰弱、肥水管理差、病虫危害重）、环境条件不适宜（如高温、干旱）等情况下使用，都可能引起或加重以上异常症状的发生；在选择药剂时如果选用了"以肥代药"或"三无"产品，由于不知道产品的成分及含量，使用时也无法准确地计算使用浓度，也可能会造成以上药害症状的发生（见表 2-33）。

表 2-33 赤霉酸用于杨树、柳树发生药害的原因与症状

序号	发生的原因	症状
1	用量过大	第二年发芽推迟，枝条中下部萌芽减少，树冠枝叶变稀疏，但不会死亡（图2-124），树势弱，萌芽时间推迟、树冠基部的细小枝条会部分干枯死亡（图2-125）

（2）常见药害的主要症状　具体症状如图 2-124、图 2-125 显示。

对照株　　　　　　　　用药株

图 2-124　第二年发芽推迟，枝条中下部萌芽减少，树冠枝叶稀疏

图 2-125　树势弱，萌芽时间推迟、树冠基部的细小枝条部分干枯死亡

　　（3）药害的预防方法　掌握好使用技术。赤霉酸的使用效果和安全性与杨树和柳树品种、使用时期、使用浓度、使用方法、使用次数等多种因素有关，使用前应根据自身的使用目的，学习和掌握好使用技术，以免因使用不当而引起异常症状的发生。如用药量超过推荐用量的 0.5 ～ 1 倍时，会出现第二年树体发芽推迟，枝条中下部萌芽减少，树冠枝叶变稀疏，但不会死亡的异常现象；如果用量超过推荐用量的 2 倍以上，树势会显著减弱，萌芽时间推迟 10 ～ 15 天，同时树冠基部的细小枝条会出现部分干枯。因此，应掌握好适宜的使用技术，以避免异常症状的发生。

　　（4）药害的解救办法　①严格按照推荐用量使用，防止出现用药量过大的现象。②症状轻微时，可根部浇灌含腐植酸水溶肥（园动力）和复合肥料（雨阳复合肥），来增强树势以缓解；症状严重时，结合剪除枯枝枝条，剪锯口用"国光糊涂"保护，根部浇灌含腐植酸水溶肥（园动力）、复合肥料（雨阳复合肥）和植物生长调节剂5%吲丁·萘乙酸可溶液剂（根盼），补充营养，促生根。

十五、剪股颖

（1）药害发生的原因　剪股颖草坪幼苗期使用赤霉酸时，一般浓度不超过50mg/kg。浓度过大，会出现嫩叶颜色发白，初期生长缓慢的现象；在栽培管理不当（如长势衰弱、肥水管理差）、环境条件不适宜（如高温、干旱）等情况下使用，可能在较低浓度下就会发生或加重以上药害症状；在选择药剂时如果选用了"以肥代药"或"三无"产品，由于不知道产品的成分及含量，使用时也无法准确地计算使用浓度，也可能会造成以上药害症状的发生（见表2-34）。

表2-34　赤霉酸用于剪股颖发生药害的原因与症状

序号	发生的原因	症状
1	幼苗期促长时使用浓度过大	生长异常，颜色发白，幼苗徒长（图2-126）

（2）常见药害的主要症状　具体症状如图2-126显示。

图2-126　生长异常，颜色发白，幼苗徒长

（3）药害的预防方法 ①掌握好使用技术。赤霉酸的使用效果和安全性与草坪草品种、使用时期、使用浓度、使用方法、使用次数等多种因素有关，使用前应根据自身的使用目的，学习和掌握好使用技术，以免因使用不当而引起异常症状的发生。例如，促进种子出苗时，使用赤霉酸 10 ~ 30mg/kg 浸种 12h 促进种子出苗。幼苗期促进生长时，应使用 10 ~ 50mg/kg 甚至更低。②使用赤霉酸促长时，与含氨基酸水溶肥复配使用，可减少异常症状的发生概率。

（4）药害的解救方法 叶面喷施含氨基酸水溶肥（思它灵）1000 倍稀释液，等待 7 ~ 15 天后，剪股颖会恢复长势，色泽复绿。

第四节

苄氨基嘌呤

一、桃、李、杏

（1）药害发生的原因 桃、李、杏使用苄氨基嘌呤时，一般使用浓度不超过40mg/kg。使用时期不当、浓度过大或次数过多时，会造成果实畸形，生长停滞，着色不良，后期如遇不良气候等影响，会加重果实裂果等的药害症状；在栽培管理不当（如树势衰弱、肥水管理差）、环境条件不适宜（如高温、干旱）等情况下使用，可能在较低浓度下就会发生或加重以上药害症状；在选择药剂时如果选用了"以肥代药"或"三无"产品，由于不知道产品的成分及含量，使用时也无法准确地计算使用浓度，也可能会造成以上药害症状的发生（见表 2-35）。

表2-35　苄氨基嘌呤用于桃、李、杏发生药害的原因与症状

序号	发生的原因	症状
1	使用方法不当（喷施不均匀）	果实畸形（图2-127）
2	使用浓度过大或次数过多	果实畸形（图2-127），果实生长停滞（图2-128），加重裂果（图2-129），果实着色不良（图2-130）
3	使用时期过早	果实生长停滞（图2-128）

（2）常见药害的主要症状 具体症状如图2-127 ~ 图2-130 显示。

（3）药害的预防方法 ①掌握好使用技术。苄氨基嘌呤的使用效果和安全性与品种、使用时期、使用浓度、使用方法、使用次数等多种因素有关，使用前应根据自身的使用目的，学习和掌握好使用技术，以免因使用不当而引起异常症状

图 2-127　果实畸形

图 2-128　果实生长停滞

图 2-129　加重裂果

图 2-130　果实着色不良

的发生。如膨大果实时，一般在桃、李、杏谢花后 15～30 天，使用 10～40mg/kg 全株喷雾，膨果时期不宜过早，否则会造成果实生长停滞，使用浓度不宜过大或次数过多，否则会出现畸形果、僵果过多等现象，也会增加裂果风险，加重着色不良的发生和程度，同时药剂喷施不均匀，也易造成果实畸形。②在适宜的环境条件下使用。低温、持续阴雨、高温、土壤黏重或沙性过强等也会引起或加重异常症状的发生，使用时应根据环境条件对使用技术及配套管理措施进行适当调整，如遇 10℃ 以下低温，持续阴雨天气，应增加使用次数和用量，以此来预防和减轻这些异常症状的发生。③掌握好配套的栽培管理技术。负载量、有效叶片数量、田间的通风透光程度、肥水管理、病虫害防治等都与异常症状的发生有关，只有做好了配套的栽培管理工作，才能尽可能地避免和减轻药害。李树负载量，维持叶果比在（15～30）：1 左右，适时疏果，才能提高果实的品质，李果实与果实的间距保持在 2～3cm，一般长果枝留取 8～10 个果实，中果枝留取 5～8 个果实，短果枝留取 3～5 个果实，花序状果枝留取 1～3 个果实；肥水管理上应增加有机肥的使用，一般应使用优质生物有机肥松达 500～1000kg/ 亩，配合适量的腐熟农家肥或土杂肥等，同时应根据品种适当控制氮肥，增加磷、钾肥用量，可使用复合肥或大量元素水溶肥料（松尔肥，或施特优，或雨阳水溶肥，或沃克瑞）和微量元素水溶肥（壮多）等，并补充钙、镁等中量元素及硼、锌、铁、钼等微量元素。

（4）药害的解救办法　①畸形果：一旦发生，目前无有效的解救方法，应通过适时、适量地使用和科学合理地喷雾，来预防和减轻。②果实生长停滞：一旦发生，目前无有效的解救方法，可以适当降低使用浓度、减少使用次数，适当推迟使用时期来预防；已经发生的，应及时疏除，以减少营养消耗，促进正常果实生长发育。③裂果：可以通过适当增施钙、硼等中微量元素肥，从幼果期开始，叶面喷施中量元素水溶肥（络佳钙，或络琦钙镁，或金美盖）、植物生长调节剂 0.1% 三十烷醇微乳剂（优丰）或 0.01% 24-表芸苔素内酯可溶液剂，结合肥水施入中量元素水溶肥（络佳钙，或络琦钙镁，或金美盖），加强水分管理，维持水分的均衡供应，防止忽干忽湿或后期水分过多等措施来缓解。④着色不良：可以通过加强肥水管理，根据树势和负载量适时适量地施入高钾复合肥或大量元素水溶肥料（松尔肥，或施特优，或雨阳水溶肥，或沃克瑞），叶面喷施含氨基酸水溶肥（稀施美）或含腐植酸水溶肥（络康），植物生长调节剂 0.1% 三十烷醇微乳剂（优丰）或 0.01% 24-表芸苔素内酯可溶液剂，增强树势，维持适当的载果量和功能叶片等措施来缓解；同时注重夏季修剪，保证果园通风透光，在果实开始上色阶段，喷雾植物生长调节剂 8% 胺鲜酯可溶粉剂（天都）、0.1% 三十烷醇微乳剂（优丰）和大量元素水溶肥（冠顶）等促进上色。

二、骏枣

（1）药害发生的原因　因骏枣对苄氨基嘌呤较敏感，一般不在骏枣上使用苄氨基嘌呤，使用后会出现叶片、花蕾、果实斑块状灼烧的药害症状；在选择药剂时如果选用了"以肥代药"或"三无"产品，由于不知道产品的成分及含量，使用时也无法准确地计算使用浓度，也可能会造成以上药害症状的发生（见表 2-36）。

表 2-36　苄氨基嘌呤用于骏枣发生药害的原因与症状

序号	发生的原因	症状
1	品种敏感	叶片、花蕾、果实斑块状灼烧（图2-131～图2-133）

（2）常见药害的主要症状　具体症状如图 2-131 ～ 图 2-133 显示。

（3）药害的预防方法　掌握好使用技术。苄氨基嘌呤的使用效果和安全性与骏枣品种、使用时期、使用浓度、使用方法、使用次数等多种因素有关，使用前应根据自身的使用目的，学习和掌握好使用技术，以免因使用不当而引起异常症状的发生。如在冬枣、灰枣坐果时，一般在枣树盛花期全株喷施苄氨基嘌呤 10 ～ 20mg/kg，可以提高坐果率，促进幼果的生长发育。但骏枣对苄氨基嘌呤很敏感，容易出现叶

图2-131　叶片灼烧　　　　图2-132　花蕾灼烧　　　　图2-133　果实灼烧

片、花蕾、果实斑块状灼烧等异常现象，应尽量避免使用。

（4）药害的解救办法　①叶片、花蕾、果实灼烧：该品种对药剂敏感，较低浓度就会发生药害，药害一旦发生，目前无有效的解救方法，在骏枣上禁止使用。②若发现误喷，立即喷施清水，稀释药液浓度，减轻危害。加强肥水管理，根据树势和负载量适时适量地施入复合肥或大量元素水溶肥料（松尔肥，或施特优，或雨阳水溶肥），叶面喷施植物生长调节剂0.1%三十烷醇微乳剂（优丰）和含氨基酸水溶肥（稀施美）等。

三、儿菜

（1）药害发生的原因　儿菜使用苄氨基嘌呤，一般浓度不超过25mg/kg。使用浓度过大会出现侧芽少、侧芽小的现象，使用时期过晚或次数过多会出现侧芽上面着生侧芽现象；如果在高温、干旱时使用，会造成侧芽小、侧芽丛生现象；在栽培管理不当（如肥水搭配不合理、杂草过多、病虫害发生严重）、环境条件不适宜等情况下使用，可能在较低浓度下就会发生或加重以上药害症状；在选择药剂时如果选用了"以肥代药"或"三无"产品，由于不知道产品的成分及含量，使用时也无法准确地计算使用浓度，也可能会造成以上药害症状的发生（见表2-37）。

表2-37　苄氨基嘌呤用于儿菜发生药害的原因与症状

序号	发生的原因	症状
1	使用时期过晚或用药浓度过大	侧芽少、侧芽小（图2-134），侧芽上面着生侧芽（图2-135）

（2）常见药害的主要症状　具体症状如图2-134、图2-135显示。

（3）药害的预防方法　①掌握好使用技术。苄氨基嘌呤在儿菜上的使用效果和安全性与使用时期、使用浓度、使用方法、使用次数等多种因素有关，使用前应根

图2-134　侧芽少、侧芽小　　　　　　图2-135　侧芽上面着生侧芽

据自身的使用目的，学习和掌握好使用技术，以免因使用不当而引起异常症状的发生。使用苄氨基嘌呤促进侧芽萌发时，应在植株有6～8片完全展开叶时使用，使用浓度为13.3～20mg/kg，叶面喷雾。使用浓度过低，促芽效果不佳；使用浓度过高，易出现大、小芽分化和芽上长芽的现象。②在适宜的环境条件下使用。低温、持续阴雨、高温、土壤黏重或沙性过强等也会引起或加重异常症状的发生，使用时应根据环境条件对使用技术及配套管理措施进行适当调整，以预防和减轻这些异常症状的发生。如生长期遇持续低温、阴雨天气，温度在18℃以下时，一般会适当增加使用浓度，在18～30℃之间时，按正常浓度使用，高于30℃时，适当降低使用浓度或待温度降至正常范围后再使用。③掌握好配套的栽培管理技术。肥水管理不当和病虫害防治不到位都会引起或加重异常症状的发生，只有做好了配套的栽培管理工作，才能尽可能地避免和减轻药害。儿菜的整个生育期对营养的需求量较大，应在定植前施足底肥，可使用优质生物有机肥50～100kg/亩，配合适量的腐熟农家肥或土杂肥等；后期还要根据儿菜的生长情况来追肥，一般应根据品种特性适当控制氮肥，增加磷、钾肥用量，并注意补充钙、镁等中量元素及硼、锌、铁、钼等微量元素。

（4）**药害的解救办法**　侧芽少、侧芽小、侧芽上面着生侧芽一旦发生，目前无有效的解救方法；应通过适时、适量地使用药剂来预防和减轻。

四、辣椒（线椒、菜椒、螺丝椒等）

（1）**药害发生的原因**　辣椒使用苄氨基嘌呤，一般浓度不超过30mg/kg。使用浓度过大会出现侧枝少、大侧枝多的现象，使用时期过早会出现侧枝多、枝条密度大、侧枝长势快、主枝生长抑制现象；如果在高温、干旱时使用，会造成侧枝多、侧枝小现象；在栽培管理不当（如肥水搭配不合理、杂草过多、病虫害发生严重）、环境条件不适宜等情况下使用，可能在较低浓度下就会发生或加重以上药害症状；在选择药剂时如果选用了"以肥代药"或"三无"产品，由于不知道产品的成分及含量，使用时也无法准确地计算使用浓度，也可能会造成以上药害症状的发生（见表 2-38）。

表 2-38　苄氨基嘌呤用于辣椒发生药害的原因与症状

序号	发生的原因	症状
1	使用时期过早或用药浓度过大	侧枝发生早、侧枝多（图 2-136），枝条密度大（图 2-137）

（2）常见药害的主要症状　具体症状如图 2-136、图 2-137 显示。

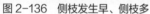

　　　图 2-136　侧枝发生早、侧枝多　　　　　　图 2-137　枝条密度大

（3）药害的预防方法　①掌握好使用技术。苄氨基嘌呤在辣椒上的使用效果和安全性与使用时期、使用浓度、使用方法、使用次数等多种因素有关，使用前应根据自身的使用目的，学习和掌握好使用技术，以免因使用不当而引起异常症状的发生。使用苄氨基嘌呤促进侧芽萌发时，应在椒现蕾抹除下部侧芽后使用，使用浓度为 10 ～ 20mg/kg，叶面喷雾。使用浓度过低，促芽效果不佳；使用浓度过高，易出现侧芽萌发过多、过早，影响顶端生长势的现象。②在适宜的环境条件下使用。低温、持续阴雨、高温、土壤黏重或沙性过强等也会引起或加重异常症状的发生，使用时应根据环境条件对使用技术及配套管理措施进行适当调整，以预防和减轻这些异常症状的发生。如生长期遇持续低温、阴雨天气，温度在 18℃以下时，一般会适当增加使用浓度，在 18 ～ 30℃之间时，按正常浓度使用，高于 30℃时，适当降低使用浓度或待温度降至正常范围后再使用。③掌握好配套的栽培管理技术。肥水管理不当和病虫害防治不到位都会引起或加重异常症状的发生，只有做好了配套的栽培管理工作，才能尽可能地避免和减轻药害。如肥水管理上应增加有机肥的使用，一般应使用优质生物有机肥 100 ～ 200kg/ 亩，配合适量的腐熟农家肥或土杂肥等，注意增施磷、钾肥，并补充钙、镁等中量元素及硼、锌、铁、钼等微量元素；同时，针对旺长植株应控制氮肥，控水，对于弱株应适当补充氮肥。

（4）药害的解救办法　一旦侧枝发生早、侧枝多，枝条密度大，应通过适时、适量地使用药剂来预防和减轻。已经发生的，应及时疏除多余的侧枝和枝条，减少营养的无用消耗，促进植株正常生长。

苄氨·赤霉酸

一、桃、李、杏

（1）**药害发生的原因**　桃、李、杏使用苄氨·赤霉酸时，一般使用浓度不高于90mg/kg。使用过早、浓度过大或次数过多时，会造成新梢旺长，加重生理落果，果园通风透光差，着色不良，同时果实容易出现生长停滞（僵果）、畸形果、种仁败育现象，后期如遇不良气候等影响，会加重果实裂果等的药害症状；在栽培管理不当（如树势衰弱、肥水管理差）、环境条件不适宜（如高温、干旱）等情况下使用，可能在较低浓度下就会发生或加重以上药害症状；在选择药剂时如果选用了"以肥代药"或"三无"产品，由于不知道产品的成分及含量，使用时也无法准确地计算使用浓度，也可能会造成以上药害症状的发生（见表2-39）。

表2-39　苄氨·赤霉酸用于桃、李、杏发生药害的原因与症状

序号	发生的原因	症状
1	使用浓度过大或次数过多	新梢旺长（图2-138），僵果（图2-139），保住部分种仁败育（图2-140），果实着色不良（图2-141），加重裂果（图2-142）
2	使用时期不当（使用过早）	部分新梢旺长（图2-138），加重生理落果；僵果（图2-139）
3	使用方法不当（喷施不均匀）	果实畸形（图2-143）

（2）**常见药害的主要症状**　具体症状如图2-138～图2-143显示。

图2-138　新梢旺长

图2-139　僵果

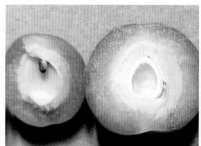

图2-140 种仁败育

图2-141 果实着色不良

图2-142 加重裂果

图2-143 李果实畸形

（3）药害的预防方法 ①掌握好使用技术。苄氨·赤霉酸的使用效果和安全性与品种、使用时期、使用浓度、使用方法、使用次数等多种因素有关，使用前应根据自身的使用目的，学习和掌握好使用技术，以免因使用不当而引起异常症状的发生。如保果时，一般在谢花末期（80%）左右使用5～40mg/kg全株喷雾，保果时不能使用过早，否则会出现部分新梢旺长、加重生理落果等现象，使用浓度不宜过大或次数过多，否则会出现种仁败育、僵果、新梢旺长等现象。而在膨大果实时，一般在谢花后15～30天，使用10～40mg/kg全株喷雾；膨果时期不宜过早，否则会出现部分新梢旺长，使用浓度不宜或次数过多，否则会出现畸形果、僵果等现象，也会增加裂果风险，加重着色不良现象的发生，同时药剂喷施不均匀，也易造成果实畸形。②在适宜的环境条件下使用。低温、持续阴雨、高温、土壤黏重或沙性过强等也会引起或加重异常症状的发生，使用时应根据环境条件对使用技术及配套管理措施进行适当调整，如遇持续阴雨应增加使用次数和用量，如遇30℃以上高温，应减少使用次数和用量，以此来预防和减轻这些异常症状的发生。③掌握好配套的栽培管理技术。负载量、有效叶片数量、田间通风透光程度、肥水管理、病虫害防治等都会引起或加重异常症状的发生，只有做好了配套的栽培管理工作，才能尽可能地避免和减轻药害。比如桃树负载量，维持叶果比在（30～80）：1左右适时疏果，一般长枝留取 4 ～ 6 个，中果枝留取 3 ～ 5 个，短果枝留取 2 ～ 3 个，花序状果枝留取 1 个或不留果，才能提高果实的品质；肥水管理上应增加有机肥的使用，一般应使用优质生物有机肥松达 500 ～ 1000kg/ 亩，配合适量的腐熟农家肥或土杂肥等，同时应根据品种适当控制氮肥，增加磷、钾肥用量，可使用高钾型复合肥或大量元素水溶肥料（松尔肥，或施特优，或雨阳水溶肥，或沃克瑞）和微量元素水溶肥（壮多）等，并补充钙、镁等中量元素及硼、锌、铁、钼等微量元素。

（4）药害的解救办法 ①新梢旺长：发现新梢有旺长趋势时，定向喷雾植物生长调节剂 50% 矮壮素水剂（抑灵），或国光 98% 甲哌鎓可溶粉剂，或 30% 多唑·甲哌鎓悬浮剂（金美瑞），配合大量元素水溶肥（冠顶）或磷酸二氢钾（国光甲），根据新梢旺长的程度选择合适的浓度和使用次数，可有效缓解新梢的旺长。②僵果：应适当推迟使用时期来预防僵果发生，已经发生的僵果，应及时疏除，促进剩余正常果实生长发育。③种仁败育果实：适当降低使用浓度、减少使用次数，适当推迟使用时期，同时加强栽培管理，注重中微量元素（硼、锌）补充，可减轻种仁败育果实的比例；硬核期能分辨出种仁败育果实时，及时疏除。④畸形果：一旦发生，目前无有效的解救方法，应通过适时、适量地使用和科学合理地喷雾，来预防和减轻。⑤裂果：可以适当增施钙、硼等中微量元素肥，从幼果期开始，叶面喷施中量元素水溶肥料（络佳钙，或络琦钙镁，或金美盖）、植物生长调节剂 0.1% 三十烷醇微乳剂（优丰）或 0.01% 24- 表芸苔素内酯可溶液剂，结合肥水施入中量元素水溶肥料（络佳钙，或络琦钙镁，或金美盖），加强水分管理，维持水分的均衡供应，防止忽干忽湿或后期水分过多。⑥着色不良：可以通过加强肥水管理，根据树势和负载量适时适量地施入高钾型复合肥或大量元素水溶肥料（松尔肥，或施特优，或雨阳水溶肥，或沃克瑞），叶面喷施含氨基酸水溶肥（稀施美）或含腐植酸水溶肥（络康），以及植物生长调节剂 0.1% 三十烷醇微乳剂（优丰）或 0.01% 24- 表芸苔素内酯可溶液剂（芸领），增强树势，维持适当的载果量和功能叶片等措施来缓解；同时注重夏季修剪，保证果园通风透光，在果实开始上色阶段，喷雾植物生长调节剂 8% 胺鲜酯可溶粉剂（天都）、0.1% 三十烷醇微乳剂（优丰）和大量元素水溶肥（冠顶），或喷施植物生长调节剂 8% 胺鲜酯水剂（施果乐）、0.1% 三十烷醇微乳剂（优丰）和磷酸二氢钾（国光甲）等促进上色。

二、马铃薯

（1）药害发生的原因 马铃薯使用苄氨·赤霉酸时，苗期（苗高 10 ～ 15cm）叶面喷施一般使用浓度不超过 20mg/kg，浓度大时，会出现叶片黄化、茎秆细弱、节间距长等现象。在肥水管理差、环境条件不适宜（如高温、干旱）等情况下使用，可能在较低浓度下就会发生或加重以上药害症状；在选择药剂时如果选用了"以肥代药"或"三无"产品，由于不知道产品的成分及含量，使用时也无法准确地计算使用浓度，也可能会造成以上药害症状的发生（见表2-40）。

表2-40　苄氨·赤霉酸用于马铃薯发生药害的原因与症状

序号	发生的原因	症状
1	苗期提苗茎叶喷施浓度过大或使用次数过多	植株叶片黄化（图2-144），植株徒长、茎秆细弱，节间距长（图2-145）

（2）常见药害的主要症状　具体症状如图 2-144、图 2-145 显示。

图2-144　叶片黄化

图2-145　植株徒长，茎秆细弱，节间距长

（3）药害的预防方法　①掌握好使用技术。苄氨·赤霉酸的使用效果和安全性与药剂使用时期、使用浓度、使用方法、使用次数等多种因素有关，使用前应根据自身的使用目的，学习和掌握好使用技术，以免因使用不当而引起异常症状的发生。如苗期提苗促长时，一般在苗高 10～15cm 时使用 10～20mg/kg，提苗时浓

度不能过高，否则会出现叶片黄化、茎秆细弱、节间距长等现象，也不能浓度过低，否则提苗效果不佳。而用于缓解除草剂、唑类药剂残留问题时，会根据植株生长抑制程度来用药，一般使用 20 ～ 50mg/kg，缓解药害时，使用浓度不能过高，否则会出现叶片黄化现象，使用浓度也不能过低，否则解害效果不佳。②在适宜的环境条件下使用。遇高温会引起或加重异常症状的发生，使用时应根据环境条件对使用技术及配套管理措施进行适当调整，以预防和减轻异常症状的发生。如幼苗期遇到高温（超过 25℃），使用时应适当降低使用浓度或待温度降至正常范围后再使用。③掌握好配套的栽培管理技术。栽植密度过大、肥水管理不当都会引起或加重异常症状的发生，只有做好了配套的栽培管理工作，才能尽可能地避免和减轻药害。比如栽植密度，一般根据土壤肥力以及品种因素来确定，如中晚熟品种，密度在 4000 ～ 4500 株/亩，微型薯密度在 7500 ～ 8000 株/亩为宜。肥水管理应重视有机肥的使用，一般用优质生物有机肥 100 ～ 150kg/亩配合适量的腐熟农家肥或土杂肥等，苗期应加强根系的养护，使用生根类的氨基酸/腐植酸肥，同时应适当控制氮肥，增加磷、钾肥用量，并注意补充钙、镁等中量元素及硼、锌、铁、钼等微量元素。

（4）药害的解救办法 ①茎秆细弱，节间距长：可以通过适当降低使用浓度和使用次数，掌握好用量来预防；已经发生的，可以通过叶面喷施适量的植物生长调节剂10%甲哌鎓可溶粉剂（高盼）或50%矮壮素水剂（抑灵）和磷酸二氢钾（国光甲），根据植株长势适当增施复合肥料国光松尔肥（15-15-15）或施特优（17-17-17）来调节植株生长，促进生长健壮，防止徒长，促进结薯和薯块生长。②叶片黄化：可通过适当降低使用浓度和使用次数，掌握好用量来预防；已经发生的，可通过喷施含氨基酸水溶肥（根宝）或含腐植酸水溶肥（络康）和植物生长调节剂0.1%三十烷醇微乳剂（优丰），结合浇水冲施大量元素水溶肥料（施特优）和含腐植酸水溶肥（根莱士）来缓解。

三、番茄（小果型品种）

（1）药害发生的原因 番茄使用苄氨·赤霉酸时，一般使用浓度不超过15mg/kg。使用浓度过大或次数过多时，会出现花序过度拉长、花序轴较细现象；用药方式不当（全株喷雾），会出现植株旺长，节间距长，茎秆纤细，新叶黄化现象；如果在高温、干旱时使用，会造成花序拉长过度、花序轴纤细现象；在栽培管理不当（如肥水搭配不合理、杂草过多、病虫害发生严重）、环境条件不适宜等情况下使用，可能在较低浓度下就会发生或加重以上药害症状；在选择药剂时如果选用了"以肥代药"或"三无"产品，由于不知道产品的成分及含量，使用时也无法准确地计算使用浓度，也可能会造成以上药害症状的发生（见表 2-41）。

表 2-41　苄氨·赤霉酸用于番茄（小果型品种）发生药害的原因与症状

序号	发生的原因	症状
1	使用浓度过大或次数过多或高温期使用	花序拉长过度（图 2-146）
2	用药方式不当（全株喷雾）	植株旺长，节间距长（图 2-147），新叶黄化（图 2-148）

（2）常见药害的主要症状　具体症状如图 2-146～图 2-148 显示。

图 2-146　花序拉长过度　　图 2-147　植株旺长，节间距长　　　　图 2-148　新叶黄化

（3）药害的预防方法　①掌握好使用技术。苄氨·赤霉酸在番茄（小果型品种）上的使用效果和安全性与使用时期、使用浓度、使用方法、使用次数等多种因素有关，使用前应根据自身的使用目的，学习和掌握好使用技术，以免因使用不当而引起异常症状的发生。使用苄氨·赤霉素拉长小果型番茄花序时，应在单个花序开花 2～3 朵时使用，使用浓度为 7.2～12mg/kg，均匀喷雾花序，单个花序用药 2～3 次。使用浓度过低，拉长花序效果不佳；使用浓度过高，易出现花序拉长过度的现象。②在适宜的环境条件下使用。低温、持续阴雨、高温、土壤黏重或沙性过强等也会引起或加重异常症状的发生，使用时应根据环境条件对使用技术及配套管理措施进行适当调整，以预防和减轻这些异常症状的发生。如拉长花序遇低温、持续阴雨，温度在 18℃以下时，一般会适当增加苄氨·赤霉酸的使用浓度，在 18～30℃之间时，按正常浓度使用，高于 30℃时，适当降低使用浓度或待温度降至正常范围后再使用。③掌握好配套的栽培管理技术。如田间的通风透光程度、肥水管理、病虫害防治等都与异常症状的发生有关，只有做好了配套的栽培管理工作，才能尽可能地避免和减轻药害。如肥水管理上应增加有机肥的使用，一般应使用优质生物有机肥 100～200kg/ 亩，配合适量的腐熟农家肥或土杂肥等，注意增施磷、钾肥，并补充钙、镁等中量元素及硼、锌、铁、钼等微量元素；同时，针对旺长植株应控制氮肥，控水，对于弱株应适当补充氮肥。

（4）**药害的解救办法** ①植株旺长、节间距长、叶片黄化：应在正常天气条件下，适时、适量地使用，并加强肥水管理，避免偏施氮肥、水分偏多，以此来预防和减轻药害。旺长发生后，可使用植物生长调节剂10%甲哌鎓可溶粉剂（高盼）或50%矮壮素水剂（抑灵）和磷酸二氢钾（国光甲），同时注意均衡施肥，适当增施磷、钾肥，适时、适量使用复合肥或大量元素水溶肥料（施特优，或施它，或沃克瑞）和含腐植酸水溶肥（根莱士）等来延缓植株生长，平衡营养生长与生殖生长。②花序过度拉长：应通过适时、适量地使用药剂，避免在高温期使用，来预防和减轻。对于已拉长花序，暂无方法缩短花序，只能通过加强营养供应，适当增施磷、钾肥，根据植株长势和负载量适时适量地施入含腐植酸水溶肥（根莱士）和复合肥或大量元素水溶肥料（沃克瑞，或施特优，或施它，或雨阳水溶肥）来促进花序、果穗健壮生长。

四、蔬菜

（1）**药害发生的原因** 蔬菜使用苄氨·赤霉酸时，一般使用浓度不超过15mg/kg。使用浓度过大或次数过多时，会出现植株旺长，节间距长，茎秆细长，叶片黄化现象；在低温、持续阴雨或高温期使用，会出现植株旺长，新叶黄化，花器发育不良，落花落果，果实畸形现象；在栽培管理不当（如肥水搭配不合理、杂草过多、病虫害发生严重）、环境条件不适宜等情况下使用，可能在较低浓度下就会发生或加重以上药害症状；在选择药剂时如果选用了"以肥代药"或"三无"产品，由于不知道产品的成分及含量，使用时也无法准确地计算使用浓度，也可能会造成以上药害症状的发生（见表2-42）。

表2-42 苄氨·赤霉酸用于蔬菜发生药害的原因与症状

序号	发生的原因	症状
1	使用浓度过大或次数过多	植株旺长，节间距长（图2-149），茎秆细长（图2-150），叶片黄化（图2-151）
2	低温、持续阴雨或高温期使用	植株旺长，节间距长（图2-149），花发育不良（图2-152）
3	肥水管理不当（偏施氮肥）	花发育不良（图2-152）

（2）**常见药害的主要症状** 具体症状如图2-149～图2-152显示。

（3）**药害的预防方法** ①掌握好使用技术。苄氨·赤霉酸在蔬菜上的使用效果和安全性与使用时期、使用浓度、使用方法、使用次数等多种因素有关，使用前应根据自身的使用目的，学习和掌握好使用技术，以免因使用不当而引起异常症状的发生。如使用苄氨·赤霉酸促进植株生长时，使用浓度为7.2～12mg/kg，全株

图2-149　植株旺长，节间距长

图2-150　茎秆细长

图2-151　叶片黄化

图2-152　花发育不良

均匀喷雾。使用浓度过低，促长效果不佳；使用浓度过高，易出现旺长的异常现象。②在适宜的环境条件下使用。持续低温、阴雨、高温、土壤黏重或沙性过强等也会引起或加重异常症状的发生，使用时应根据环境条件对使用技术及配套管理措施进行适当调整，以预防和减轻这些异常症状的发生。如生长期遇持续低温、阴雨，温度在18℃以下时，一般会适当增加苄氨·赤霉酸的使用浓度，在18～30℃之间时，按正常浓度使用，高于30℃时，适当降低使用浓度或待温度降至正常范围后再使用。③掌握好配套的栽培管理技术。肥水管理不当和病虫害防治不到位都会引起或加重异常症状的发生，只有做好了配套的栽培管理工作，才能尽可能地避免和减轻药害。如肥水管理上应增加有机肥的使用，一般应使用优质生物有机肥100～200kg/亩，配合适量的腐熟农家肥或土杂肥等，注意增施磷、钾肥，并补充钙、镁等中量元素及硼、锌、铁、钼等微量元素；同时，针对旺长植株应控制氮肥、控水，对于弱株应适当补充氮肥。

（4）药害的解救办法　①植株旺长、节间距长、茎秆细长、叶片黄化：应在正常天气条件下，适时、适量地使用，并加强肥水管理，避免偏施氮肥、水分偏多，以此来预防和减轻药害。发现有旺长趋势时，可使用植物生长调节剂10%甲哌鎓可溶粉剂（高盼）或 50% 矮壮素水剂（抑灵）和磷酸二氢钾（国光甲），同时注意均衡施肥，适当增施磷、钾肥，适时、适量使用复合肥或大量元素水溶肥料（施特优，或施它，或沃克瑞）和含腐植酸水溶肥（根莱士）等来延缓植株生长，平衡营养生长与生殖生长。②花发育不良：应在正常天气条件下，适时、适量地使用，并加强肥水管理，避免偏施氮肥、水分偏多，以此来预防和减轻药害。症状轻微时，可以通过加强营养管理，适当增施磷、钾肥，适时、适量使用复合肥或大量元素水溶肥料（施特优，或施它，或沃克瑞，或雨阳水溶肥）和含腐植酸水溶肥（根莱士），喷施含植物生长调节剂 2% 苄氨基嘌呤可溶液剂（植生源）、0.1% 三十烷醇微乳剂（优丰）和含氨基酸水溶肥（稀施美）的套餐，提供充足的养分，健壮植株，促进花的发育来缓解；症状严重时，不易恢复。

五、切花月季

（1）**药害发生的原因** 使用苄氨·赤霉酸促进切花月季枝条生长时，株高一般不超过 15cm，浓度不超过 20mg/kg，使用次数不超过 2 次。若使用时间过晚，切花月季已有花蕾或花蕾接近露色时再用，易出现花头畸形，类似叶片化，或花苞增大后难以开放，成为"憨包花"；若使用浓度过大或使用次数过多，则会造成枝条纤细徒长，花梗长，同时增大花头畸形；植物生长瘦弱时使用，且未在使用后加强营养，促生长的效果则难以实现；在选择药剂时如果选用了"以肥代药"或"三无"产品，由于不知道产品的成分及含量，使用时也无法准确地计算使用浓度，也可能会造成以上药害症状的发生（见表 2-43）。

表 2-43　苄氨·赤霉酸用于切花月季发生药害的原因与症状

序号	发生的原因	症状
1	使用时期过晚	花头畸形，类似叶片化（图 2-153），花不开
2	使用浓度过大或次数过多	花头畸形，类似叶片化（图 2-153），枝条徒长，纤细品质下降
3	肥水管理不当	提苗效果会受到影响，缺肥会表现为效果不明显
4	品种敏感性	以上症状主要表现在切花月季雪山系列以及爱莎上，超剂量使用花头容易畸形

（2）**常见药害的主要症状** 具体症状如图 2-153 所示。

（3）**药害的预防方法** 掌握好使用技术。苄氨·赤霉酸的使用效果和安全性与花卉品种、使用时期、使用浓度、使用方法、使用次数等多种因素有关，使用前应根据自身的使用目的，学习和掌握好使用技术，以免因使用不当而引起异常症状的发生。如促进切花月季枝条生长时，一般在株高 10～15cm 左右使用苄氨·赤霉

图 2-153　花头畸形，类似叶片化

酸 15～20mg/kg 全株喷雾，使用 2 次，间隔 10 天。需要注意的是，过晚或超剂量使用，会影响枝条生长效果，还容易造成敏感切花月季品种雪山的花头畸形。使用苄氨·赤霉酸促枝条生长，应以充足肥水为前提，充足肥水可使茎粗壮拉长效果更明显，若缺乏营养很难体现促生长效果。

（4）药害的解救办法　以上药害症状一旦发生，目前无有效的解救方法，只有规范用药来规避风险。

氯吡脲

一、葡萄

（1）药害发生的原因　葡萄使用氯吡脲一般使用浓度不超过 10mg/kg。不按需求或品种特性盲目使用，使用浓度过大、使用时期偏早或使用次数过多，会造成保果过多、穗轴发硬、果实发黄、生长不良、僵果、推迟成熟、加重裂果、着色差甚至不着色等药害症状的发生。使用时不根据气候条件适当调整使用浓度，使用前后不注重良好的水肥及田间管理，可能在较低浓度下就会发生或加重以上药害症状；或者在选择药剂时如果选用了"以肥代药"或"三无"产品，由于不知道产品的成分及含量，使用时也无法准确地计算使用浓度，也可能会造成药害的发生（见表 2-44）。

表 2-44　氯吡脲用于葡萄发生药害的原因与症状

序号	发生的原因	症状
1	使用时期过早	僵果（图 2-154），坐果过多（图 2-155），果梗粗硬（图 2-156）
2	使用浓度过大或次数过多	僵果（图 2-154），坐果过多（图 2-155），果梗粗硬（图 2-156），果实着色不良（图 2-157），加重裂果（图 2-158）

序号	发生的原因	症状
3	低温、持续阴雨	僵果（图2-154），坐果差（图2-159），生长不良（图2-160）
4	高温	僵果（图2-154），果面灼伤（图2-161），坐果差（图2-159）
5	肥水管理不当（偏施氮肥、营养足）	果实着色不良（图2-157），软果、生长不良（图2-160），加重裂果（图2-158）
6	负载量过大或有效叶片不足	果实着色不良（图2-157），影响幼果膨大、品质下降
7	药剂选择不当（选用"以肥代药"或"三无"产品）	因不知道产品中是否含有植物生长调节剂及其具体种类、含量，而出现漏用、重复使用、超量使用等不规范用法引起药害发生

（2）常见药害的主要症状 具体症状如图2-154～图2-161显示。

图2-154 僵果   图2-155 坐果过多

图2-156 果梗粗硬   图2-157 果实着色不良

图 2-158　加重裂果 图 2-159　坐果差

图 2-160　生长不良 图 2-161　果面灼伤

（3）药害的预防方法　①掌握好使用技术。氯吡脲的使用效果和安全性与葡萄品种、使用时期、使用浓度、使用方法、使用次数等多种因素有关，使用前应根据自身的使用目的，学习和掌握好使用技术，以免因使用不当而引起异常症状的发生。如保果时，一般在谢花后 5 天左右使用 2 ～ 5mg/kg 处理果穗，保果时不能使用过早、浓度不能过高，否则会出现保果过多、增加僵果和畸形果等现象，也不能使用过晚、浓度过低，否则会出现坐果差、果穗稀拉现象；而在膨大果实时，一般在谢花后 15 天左右使用 5 ～ 10mg/kg 处理果穗，使用浓度过低，膨大效果较差，果子小，使用浓度过高，会增加裂果风险，加重着色不良的发生和程度。②在适宜的环境条件下使用。低温、持续阴雨、高温、土壤黏重或沙性过强等也会引起或加重异常症状的发生，使用时应根据环境条件对使用技术及配套管理措施进行适当调整，以预防和减轻这些异常症状的发生。如幼果期遇低温、持续阴雨，温度在18℃以下时，一般会适当增加氯吡脲的使用浓度，在 18 ～ 28℃之间时，按正常浓度使用，高于 28℃时，适当降低使用浓度或待温度降至正常范围后再使用。③掌握好配套的栽培管理技术。如负载量、有效叶片数量、田间的通风透光程度、肥水管理、病虫害防治等都与异常症状的发生有关，只有做好了配套的栽培管理工作，才能尽可能地避免和减轻药害。比如负载量，一般是根据当地的年均日照时间来确定的，如某地年均日照时间为 2000h，则一般亩产量为 2000kg，栽培管理技术较好的可放大到 2500kg；有效叶片数一般根据叶片大小来确定，每穗 750g 左右的果，叶片较大的需 20 片左右、叶片较小的需 40 片左右才能维持果实较好的品质；肥水管理上应增加有机肥的使用，一般应使用优质生物有机肥 500～1000kg/ 亩配合适量的腐熟农家肥或土杂肥等，同时应根据品种适当控制氮肥，增加磷、钾肥用量，并注意补充钙、镁等中量元素及硼、锌、铁、钼等微量元素。

（4）药害的解救办法 ①僵果、坐果差、果梗变硬变粗、果面灼伤等：一旦发生，目前还没有有效的解救方法，应通过适时、适量地使用来预防和减轻这些副作用的产生。②保果过多：可以通过适当降低使用浓度、减少使用次数、适当推迟使用时期来预防；已经保果过多的可通过人工疏果，保持适当的果粒数。③着色不良：可通过适当增施国光松达生物有机肥，根据树势和负载量适时、适量使用大量元素水溶肥料（施特优或雨阳水溶肥）和磷酸二氢钾（国光甲），多留功能叶，叶面喷施含氨基酸水溶肥（稀施美）或含腐植酸水溶肥（络康）、植物生长调节剂 0.1%三十烷醇微乳剂（优丰）或 0.01% 24-表芸苔素内酯可溶液剂增强树势，适当疏除部分多余果穗，维持适宜的载果量来改善。④裂果：应避免偏施氮肥，适当增施钙、硼等中微量元素肥，可从幼果期开始，叶面喷施中量元素水溶肥（络佳钙）和植物生长调节剂 0.1% 三十烷醇微乳剂（优丰）结合肥水施入中量元素水溶肥（络佳钙，或络琦钙镁，或金美盖），加强水分管理，维持水分的均衡供应，防止忽干忽湿或后期水分过多。⑤生长不良：可以通过加强肥水管理，根据树势和负载量适时适量地施入复合肥或大量元素水溶肥料（国光沃克瑞，或施特优，或雨阳水溶肥），配合含氨基酸水溶肥（根宝）或含腐植酸水溶肥（根莱士），维持适当的载果量和功能叶片，叶面喷施含植物生长调节剂 2% 苄氨基嘌呤可溶液剂（植生源）、0.1% 三十烷醇微乳剂（优丰）和含氨基酸水溶肥（稀施美）的"植优美"套餐，或 0.01% 24-表芸苔素内酯可溶液剂，或 0.1% S-诱抗素水剂（动力）套餐，增强树势等措施来缓解。⑥软果：可以通过适当增施钙肥、磷钾肥，根据树势和负载量适时、适量地使用中量元素水溶肥（络佳钙）、大量元素水溶肥料（施特优或雨阳）和磷酸二氢钾（国光甲），剪除过多果穗，维持适当的载果量，多留功能叶片等措施来缓解。⑦影响幼果膨大：可以通过修穗、疏果，加强肥水管理，根据树势和负载量适时适量地施入复合肥或大量元素水溶肥料（沃克瑞，或施特优，或雨阳水溶肥），配合含氨基酸水溶肥（根宝）或含腐植酸水溶肥（根莱士），维持适当的载果量，多留功能叶片等措施来缓解。⑧品质下降：可以通过增施国光松达生物有机肥及中量元素水溶肥（络琦钙镁或金美盖）或微量元素水溶肥（络微或壮多），剪除过多果穗，加强叶面营养，维持适当的载果量，多留功能叶片等措施来缓解。

二、猕猴桃

（1）药害发生的原因 猕猴桃绒球期，用氯吡脲全株喷雾两次（间隔期 7 天），会出现叶片变红、花蕾不能正常开放、果面出现细刺等异常症状；猕猴桃谢花后 15～20 天使用氯吡脲浸果时，如在高温下使用，或在药液中添加过量的有机硅、杀虫剂等，都可能会导致果面出现灼烧现象；部分猕猴桃品种使用高于 10mg/kg 的氯吡脲后会出现僵果、缩果症状；猕猴桃果树负载量过大，或过于郁闭，或幼果期使用生长素（如萘乙酸）浸果，可能会出现果实着色不良的症状；在栽培管理不当（如树势衰弱、肥水管理差）、环境条件不适宜（如干旱）等情况下使用，可能在较低浓度下就会发生或加重以上药害症状；在选择药剂时如果选用了"以肥代药"或"三无"产品，由于不知道产品的成分及含量，使用时也无法准确地计算使用浓度，也可能会造成以上药害症状的发生（见表 2-45）。

表 2-45　氯吡脲用于猕猴桃发生药害的原因与症状

序号	发生的原因	症状
1	萌芽期喷雾使用两次	叶片变红（图2-162），花蕾不能正常开放（图2-163），果实生长不正常（图2-164），果面出现倒刺（图2-165）
2	高温	灼烧果面（图2-166、图2-167），果实着色不良（图2-168）
3	浓度过大	僵果、畸形（图2-169），灼烧果面（图2-166、图2-167），果实着色不良（图2-168）
4	混配其他助剂或药剂不当	灼烧果面（图2-166、图2-167），果实着色不良（图2-168）
5	负载量过大，通风透光不良	果实着色不良（图2-168）

（2）常见药害的主要症状 具体症状如图 2-162～图 2-169 显示。
（3）药害的预防方法 ①掌握好使用技术。氯吡脲使用的安全性与猕猴桃品

图 2-162　叶片变红

图 2-163　花蕾不能正常开放

图 2-164　果实生长不正常

图 2-165　果面倒刺

图 2-166　灼烧果面（一）

图 2-167　灼烧果面（二）

图 2-168　果实着色不良

图 2-169　僵果、畸形

种、药剂本身等多种因素有关，使用前应学习和掌握产品本身特性、产品的使用技术，以免因使用不当而引起异常症状的发生。大果型猕猴桃品种，如金艳，一般不推荐使用氯吡脲；大部分品种果实膨大时，于谢花后 15 ～ 20 天使用 10mg/kg 左右喷果或浸果，使用浓度过低，果实膨果效果差，使用浓度过高，不利于果实着色；一般使用氯吡脲时不建议添加助剂、杀虫剂等。②在适宜的环境条件下使用。低温、持续阴雨、高温、干旱等也会引起或加重异常症状的发生，使用时应根据环境条件对使用技术及配套管理措施进行适当调整，以预防和减轻这些异常症状的发生。如幼果期遇到持续低温，用药时间需推迟 5～7 天，待果实长到鸡蛋黄大小再用药。③掌握好配套的栽培管理技术。科学合理疏果、适时抹芽摘心、加强水肥管理等栽培管理措施可不同程度地避免和减轻异常症状的发生。如长结果枝摘心，最后一个果实后留 4～5 片叶摘心；结果枝的留果量根据结果枝长短而定，长结果枝一般留 3～4 个果实，中结果枝留 2～3 个，短结果枝留 1～2 个；在果实膨大期，要加强水肥管理，如土壤干旱、果实小，也可能引起裂果，如不合理施肥，后期果实会出现空心现象。

（4）药害的解救办法 ①畸形花、果实倒刺：春季芽鳞萌动期不建议整株喷雾。②果面灼烧：一旦发生，目前无有效的解救方法。应单独使用，并根据天气情况，适当调整使用浓度；如需要混配其他杀虫、杀菌剂的应先进行安全性试验，确保安全以后再混用。③僵果、畸形：症状轻微时，通过加强肥水管理，适时、适量使用比例为 25：5：15 的国光松尔复合肥料等可适当缓解此症状，促进果实生长；症状严重时应及时疏除。④果实着色不良、品质下降：可通过适当增施国光松达生物有机肥，叶面喷施含植物生长调节剂 2% 苄氨基嘌呤可溶液剂（植生源）、0.1% 三十烷醇微乳剂（优丰）、含氨基酸水溶肥（稀施美）的套餐，适时、适量使用比例为 12：8：30 的大量元素水溶肥料（施特优）或比例为 12：8：40 的大量元素水溶肥料（雨阳水溶肥）促进干物质累积；及时疏果、疏枝，维持适宜的载果量和功能叶片、改善通风透光条件等措施来缓解。

三、柑橘

（1）药害发生的原因 柑橘上使用氯吡脲，一般使用浓度不超过 1mg/kg，使用次数不超过 2 次，如果使用浓度过大、次数过多，易引起粗皮果、浮皮果、转色慢等现象。在柑橘栽培管理上，前期肥水管理不当，壮果肥施用过晚或偏施氮肥，以及修剪不合理，结果母枝培养不当，强旺枝多等，也可能会引起或加重柑橘粗皮果、浮皮果、转色慢现象的发生；在选择药剂时如果选用了"以肥代药"或"三无"产品，由于不知道产品的成分及含量，使用时也无法准确地计算使用浓度，也可能会造成以上药害症状的发生（见表 2-46）。

表 2-46　氯吡脲用于柑橘发生药害的原因与症状

序号	发生的原因	症状
1	使用浓度过大或使用次数过多	粗皮果（图 2-170），浮皮果、转色慢（图 2-171）
2	肥水管理不当（偏施氮肥、壮果肥施用过晚）	
3	修剪不合理（结果母枝培养不当、朝天果实多）	

（2）常见药害的主要症状 具体症状如图2-170、图2-171显示。

图2-170 粗皮果　　　　　　　图2-171 浮皮果、转色慢

（3）药害的预防方法 ①掌握好使用技术。氯吡脲的使用效果和安全性与柑橘品种、使用时期、使用浓度、使用方法、使用次数等多种因素有关，使用前应根据自身的使用目的，学习和掌握好使用技术，以免因使用不当而引起异常症状的发生。如保果时，一般在谢花后至第一次生理落果前使用一次，间隔15～20天再使用一次，使用0.5～1mg/kg进行叶面喷施。对于部分新品种，没有使用经验不可随意增加使用浓度和次数。使用浓度过大或使用次数过多容易出现粗皮果、浮皮果、转色慢等异常现象。②掌握好配套的栽培管理技术。施肥上，合理施肥，避免偏施氮肥，注重磷、钾、钙、硼、锌等营养元素以及有机质的补充，一般在柑橘前期（萌芽促花期）施用高氮水溶肥为主，中后期（壮果和转色期）施用平衡和高钾水溶肥为主，土壤有机质含量要求2%～3%，要求一年在早春或冬季施用一次有机肥，施用优质生物有机肥300～400kg/亩；幼果期和壮果期加强土壤水分管理，一般要求土壤水分含量70%～80%，干旱时及时浇水，保持适宜的土壤湿度，促进果实生长发育良好，果实成熟期降低土壤湿度，促进果实成熟转色，一般要求土壤水分含量60%左右；修剪上注意培养中庸健壮的结果母枝，夏季修剪时，果多的情况下，可适当疏除部分朝天果、粗皮果，保留果皮细腻、商品性好的果实。

（4）药害的解救办法 ①粗皮果、浮皮果：一旦发生，无有效解救方法。应通过适当降低使用浓度和使用次数、均衡施肥、加强水分调控等措施来预防和减轻。②转色慢：可增施国光松达生物有机肥，增加土壤有机质，均衡施用氮、磷、钾及中微量元素肥，适时适量地施用大量元素水溶肥料（施特优或雨阳水溶肥）和含腐植酸水溶肥（根莱士）等；果实生长后期，适当控氮、控水；适时夏剪，疏除朝天果、次果，同时增强通风透光性，来促进果实生长和转色，提高果实品质和商品性。

四、苹果

（1）药害发生的原因　苹果使用氯吡脲时，一般使用浓度不超过 3mg/kg。浓度过大时，会出现僵果、果实畸形的药害症状。在栽培管理不当（如树势衰弱、肥水管理差）、环境条件不适宜（如高温、干旱）等情况下使用，可能在较低浓度下就会发生或加重以上药害症状；在选择药剂时如果选用了"以肥代药"或"三无"产品，由于不知道产品的成分及含量，使用时也无法准确地计算使用浓度，也可能会造成以上药害症状的发生（见表 2-47）。

表 2-47　氯吡脲用于苹果发生药害的原因与症状

序号	发生的原因	症状
1	使用浓度过大	僵果（图 2-172），果实畸形（图 2-173）

（2）常见药害的主要症状　具体症状如图 2-172、图 2-173 显示。

图 2-172　僵果

图 2-173　果实畸形

（3）药害的预防方法　掌握好使用技术。氯吡脲的使用效果和安全性与苹果品种、使用时期、使用浓度、使用方法、使用次数等多种因素有关，使用前应根据自身的使用目的，学习和掌握好使用技术，以免因使用不当而引起异常症状的发生。目前，氯吡脲在苹果上还没有成熟的应用技术，应避免盲目使用。

（4）药害的解救办法　①僵果、畸形等：一旦发生，目前无有效的解救方法，应通过适时、适量地使用来预防和减轻。②若在幼果期发现畸形果、僵果：应及时疏除，通过加强肥水管理，根据树势和负载量适时适量地施入复合肥或大量元素水溶肥料（松尔肥，或施特优，或雨阳水溶肥），配合含氨基酸水溶肥料（根宝）或含腐植酸水溶肥（根莱士）来促进果实生长，减轻后期畸形果比例。

五、蓝莓

（1）药害发生的原因　蓝莓上使用氯吡脲时，一般使用浓度不超过 1mg/kg。浓度过大时，会出现果实灼伤，嫩叶萎蔫、灼伤的药害症状。在栽培管理不当

（如树势衰弱、肥水管理差）、环境条件不适宜（如高温、干旱）等情况下使用，可能在较低浓度下就会发生或加重以上药害症状；在选择药剂时如果选用了"以肥代药"或"三无"产品，由于不知道产品的成分及含量，使用时也无法准确地计算使用浓度，也可能会造成以上药害症状的发生（见表2-48）。

表2-48　氯吡脲用于蓝莓发生药害的原因与症状

序号	发生的原因	症状
1	使用浓度过大	果实灼伤（图2-174），嫩叶萎蔫、灼伤（图2-175）

（2）**常见药害的主要症状**　具体症状如图2-174、图2-175显示。

图2-174　果实灼伤　　　　　图2-175　嫩叶萎蔫、灼伤

（3）**药害的预防方法**　掌握好使用技术。氯吡脲的使用效果和安全性与蓝莓品种、使用时期、使用浓度、使用方法、使用次数等多种因素有关，使用前应根据自身的使用目的，学习和掌握好使用技术，以免因使用不当而引起异常症状的发生。目前，氯吡脲在蓝莓上还没有成熟的应用技术，应避免盲目使用。

（4）**药害的解救办法**　①果实、嫩叶灼伤等：一旦发生，目前无有效的解救方法，应通过适时、适量使用来预防和减轻这些副作用的产生。②嫩叶萎蔫：可以通过叶面喷施植物生长调节剂0.1%三十烷醇微乳剂（优丰）和含氨基酸水溶肥（稀施美），加强肥水管理，适时、适量地使用复合肥或大量元素水溶肥料（松尔肥或施特优），配合含氨基酸水溶肥料（根宝）或含腐植酸水溶肥（根莱士）等措施来减轻和缓解。③若发现误喷，且浓度较高，立即喷施清水，稀释药液浓度，减轻危害。

六、皇冠梨

（1）**药害发生的原因**　皇冠梨使用氯吡脲时，一般使用浓度不超过2mg/kg。浓度过大时，会出现果实畸形的药害症状。在栽培管理不当（如树势衰弱、肥水管理差）、环境条件不适宜（如高温、干旱）等情况下使用，可能在较低浓度下就会发生或加重以上药害症状；在选择药剂时如果选用了"以肥代药"或"三无"产品，由于不知道产品的成分及含量，使用时也无法准确地计算使用浓度，也可能会造成以上药害症状的发生（见表2-49）。

表2-49　氯吡脲用于皇冠梨发生药害的原因与症状

序号	发生的原因	症状
1	使用浓度过大	果实畸形（图2-176、图2-177）

（2）常见药害的主要症状　具体症状如图2-176、图2-177显示。

图2-176　果实畸形（一）　　　　图2-177　果实畸形（二）

（3）药害的预防方法　①掌握好使用技术。氯吡脲的使用效果和安全性与梨品种、使用时期、使用浓度、使用方法、使用次数等多种因素有关，使用前应根据自身的使用目的，学习和掌握好使用技术，以免因使用不当而引起异常症状的发生。如膨大果实时，一般在谢花后15～25天使用1～2mg/kg进行叶面喷雾，使用浓度过低，膨大效果差、果子小，使用浓度过高，会增加畸形果比率。②在适宜的环境条件下使用。低温、高温、干旱等也会引起或加重异常症状的发生，使用时应根据环境条件对使用技术及配套管理措施进行适当调整，以预防和减轻这些异常症状的发生。如温度过低，膨大效果差；温度过高，适当降低使用浓度或待温度降至正常范围后再使用。幼果生长期，过于干旱对果实的生长不利，应及时浇水，保持土壤墒情。③掌握好配套的栽培管理技术。肥水管理差及病虫害防治不当等都会引起或加重异常症状的发生，只有做好了配套的栽培管理工作，才能尽可能地避免和减轻药害。如肥水管理上应增加有机肥的使用，一般应使用优质生物有机肥500～1000kg/亩配合适量的腐熟农家肥或土杂肥等，同时应根据品种适当控制氮肥，增加磷、钾肥用量，并注意补充钙、镁等中量元素及硼、锌、铁、钼等微量元素。

（4）药害的解救办法　①果实畸形：一旦发生，目前无有效的解救方法，应通过适时、适量使用来预防和减轻这些副作用的产生。②若在幼果期发现畸形果，应及时疏除，可通过加强肥水管理，根据树势和负载量适时适量地施入复合肥或大量元素水溶肥料（松尔肥，或施特优，或雨阳水溶肥），配合含氨基酸水溶肥料（根宝）或含腐植酸水溶肥（根莱士）来促进果实生长，减轻后期畸形果比例。

七、冬枣

（1）药害发生的原因　冬枣使用氯吡脲时，一般使用浓度不超过 0.6mg/kg。浓度过大或次数过多或药液量过多时，会出现果实畸形、果实下部灼伤、贪青晚熟的药害症状；使用时期过晚，也会出现贪青晚熟的现象。在栽培管理不当（如树势衰弱、肥水管理不当）、环境条件不适宜（如高温、干旱）等情况下使用，可能在较低浓度下就会发生或加重以上药害症状；在选择药剂时如果选用了"以肥代药"或"三无"产品，由于不知道产品的成分及含量，使用时也无法准确地计算使用浓度，也可能会造成以上药害症状的发生（见表 2-50）。

表 2-50　氯吡脲用于冬枣发生药害的原因与症状

序号	发生的原因	症状
1	使用浓度过大或次数过多或药液量过多	果实畸形（图2-178），贪青晚熟（图2-179）
2	药液量过多或浓度过大	果实下部灼伤（图2-180）
3	使用时期过晚	贪青晚熟（图2-179）

（2）常见药害的主要症状　具体症状如图 2-178 ～图 2-180 显示。

（3）药害的预防方法　①掌握好使用技术。氯吡脲的使用效果和安全性与枣树品种、使用时期、使用浓度、使用方法、使用次数等多种因素有关，使用前应根据自身的使用目的，学习和掌握好使用技术，以免因使用不当而引起异常症状的发生。如金丝小枣、冬枣膨果时，一般在黄豆粒 - 花生米大小时使用一次，浓度在 0.3 ～ 0.6mg/kg 之间，每亩用药液量不超过 100kg，可达到较好膨果和调整果形的效果；使用浓度过大、药液量过多等会造成果实僵果、畸形等异常现象，而使用时间过晚、次数过多会造成果实畸形率增加、贪青晚熟等异常现象。②在适宜的环

图 2-178　果实畸形

图 2-179　贪青晚熟

图 2-180　果实下部灼伤

境条件下使用。持续阴雨、高温等也会引起或加重异常症状的发生，使用时应根据环境条件对使用技术及配套管理措施进行适当调整，以预防和减轻这些异常症状的发生。掌握好配套的栽培管理技术。如负载量、田间的通风透光程度、肥水管理、病虫害防治等都与异常症状的发生有关，只有做好了配套的栽培管理工作，才能尽可能地避免和减轻药害。比如营养不足、偏施氮肥、挂果量过多、树势弱时易出现贪青晚熟等异常现象，因此应加强肥水管理保持适宜的负载量。在施肥时，基肥（月子肥）应增加有机肥的使用，一般应使用优质生物有机肥 500kg/ 亩或腐熟农家肥或土杂肥 1000 ～ 2000kg/ 亩等，同时应根据品种和树势适当控制氮肥，增加磷、钾肥用量，并注意补充钙、镁等中量元素及硼、锌、铁、钼等微量元素；追肥应根据灌溉条件选择优质的复合肥或冲施肥，按照枣树各生育期需肥特点合理地补充各种大中微量元素。在管理上应合理疏果，保持适宜的负载量，一般每亩挂果量在 1500kg 左右，产量过高时易出现贪青晚熟等异常现象。

（4）**药害的解救办法**　①果实畸形：一旦发生，目前无有效的解救方法，应通过适时、适量地使用来预防和减轻这些副作用的产生。②若在幼果期发现畸形果，应及时疏除，可通过加强肥水管理，根据树势和负载量适时适量地施入复合肥或大量元素水溶肥料（松尔肥，或施特优，或雨阳水溶肥），配合含氨基酸水溶肥料（根宝）或含腐植酸水溶肥（根莱士）来促果实生长，减轻后期畸形果比例。③贪青晚熟：可通过适当增施国光松达生物有机肥，根据树势和负载量适时适量地施入复合肥或大量元素水溶肥料（松尔肥，或施特优，或雨阳水溶肥），配合含氨基酸水溶肥料（根宝）或含腐植酸水溶肥（根莱士），适时喷施含植物生长调节剂8%胺鲜酯水剂（优乐红）、0.1% S-诱抗素水剂（动力）和大量元素水溶肥料（络尔）的套餐，增强树势，适当疏果，维持适宜的载果量来改善。④果实下部灼伤：可以通过适当降低药液浓度，均匀周到地喷施，防止药液过多沉积在果实下部来预防和减轻。

八、桃、李、杏

（1）**药害发生的原因** 桃、李、杏使用氯吡脲时，一般使用浓度不超过 5mg/kg。使用过早、浓度过大或次数过多时，会造成果实畸形，生长停滞，着色不良，后期如遇不良气候等影响，会加重果实裂果等的药害症状；在栽培管理不当（如树势衰弱、肥水管理差）、环境条件不适宜（如高温、干旱）等情况下使用，可能在较低浓度下就会发生或加重以上药害症状；在选择药剂时如果选用了"以肥代药"或"三无"产品，由于不知道产品的成分及含量，使用时也无法准确地计算使用浓度，也可能会造成以上药害症状的发生（见表 2-51）。

表 2-51　氯吡脲用于桃、李、杏等发生药害的原因与症状

序号	发生的原因	症状
1	使用方法不当（喷施不均匀）	果实畸形（图 2-181）
2	使用浓度过大或次数过多	果实畸形（图 2-181），果实生长停滞（图 2-182），果实着色不良（图 2-183），加重裂果（图 2-184）
3	使用时期过早	果实生长停滞（图 2-182）

（2）**常见药害的主要症状** 具体症状如图 2-181～图 2-184 显示。

图 2-181　果实畸形　　　　　　　图 2-182　果实生长停滞

图2-183　果实着色不良　　　　　　　图2-184　加重裂果

（3）**药害的预防方法**　①掌握好使用技术。氯吡脲的使用效果和安全性与使用时期、使用浓度、使用方法、使用次数等多种因素有关，使用前应根据自身的使用目的，学习和掌握好使用技术，以免因使用不当而引起异常症状的发生。如膨大果实时，一般在桃、李、杏谢花后 15 ～ 30 天，使用 0.5 ～ 3mg/kg 全株喷雾，膨果时期不宜过早，否则会造成果实生长停滞，使用浓度不宜过大或次数过多，否则会出现畸形果、僵果等现象，也会增加裂果风险，加重着色不良的发生和程度，同时药剂喷施不均匀，也易造成果实畸形。②在适宜的环境条件下使用。低温、持续阴雨、高温、土壤黏重或沙性过强等也会引起或加重异常症状的发生，使用时应根据环境条件对使用技术及配套管理措施进行适当调整。如遇 10℃以下低温，使用效果不明显；30℃以上的高温使用，应降低使用浓度，以此来预防和减轻这些异常症状的发生。③掌握好配套的栽培管理技术。负载量、有效叶片数量、田间的通风透光程度、肥水管理、病虫害防治等都与异常症状的发生有关，只有做好了配套的栽培管理工作，才能尽可能地避免和减轻药害。比如李树负载量，根据不同果形大小，叶果比维持在（15 ～ 30）∶1 左右，适时疏果，才能提高果实的品质；肥水管理上应增加有机肥的使用，一般应使用优质生物有机肥 500 ～ 1000kg/ 亩配合适量的腐熟农家肥或土杂肥等，同时应根据品种适当控制氮肥，增加磷、钾肥用量，并注意补充钙、镁等中量元素及硼、锌、铁、钼等微量元素。

（4）**药害的解救办法**　①畸形果：一旦发生，目前无有效的解救方法，应通过适时、适量地使用和均匀周到地喷雾，来预防和减轻。②果实生长停滞：一旦发生，目前无有效的解救方法；可以通过适当降低使用浓度、减少使用次数，适当推迟使用时期来预防果实生长停滞；已经发生的，应及时疏除，以促进正常果实生长发育。③裂果：可以适当增施钙、硼等中微量元素肥，从幼果期开始，叶面喷施中量元素水溶肥料（络佳钙，或络琦钙镁，或金美盖）、植物生长调节剂 0.1% 三十烷醇微乳剂（优丰）或 0.01% 24-表芸苔素内酯可溶液剂，结合肥水施入中量元素水溶肥（络佳钙，或络琦钙镁，或金美盖），加强水分管理，维持水分的均衡供应，防止忽干忽湿或后期水过多。④着色不良：可以通过加强肥水管理，根据树势和负载量适时适量地施入高钾型复合肥或大量元素水溶肥料（松尔肥，或施特优，或雨阳水溶肥，或沃克瑞），维持适当的载果量和功能叶片，叶面喷施含氨基酸水溶肥（稀施美）或含腐植酸水溶肥（络康）、植物生长调节剂0.1%三十烷醇微乳剂（优丰）或0.01% 24-表芸苔素内酯可溶液剂，增强树势；在果实开始上色阶段，喷雾植物生长调节剂8%胺鲜酯可溶粉剂（天都）、0.1%三十烷醇微乳剂（优丰）和大量元素水溶肥（冠顶），或喷施植物生长调节剂8%胺鲜酯水剂（施果乐）、0.1%三十烷醇微乳剂（优丰）和磷酸二氢钾（国光甲）等促进上色。

九、荔枝

（1）药害发生的原因　荔枝在生理落果期使用氯吡脲时，一般使用浓度不超过1mg/kg；在快速膨大期使用，一般使用浓度不超过0.5mg/kg。浓度过大时，会出现坐果过多、僵果、果皮粗糙、着色不良、贪青晚熟、品质下降等现象，如果在栽培管理不当（如树势衰弱、肥水管理差）、环境条件不适宜（如高温、干旱）等情况下使用，可能在较低浓度下就会发生或加重以上药害症状；在选择药剂时如果选用了"以肥代药"或"三无"产品，由于不知道产品的成分及含量，使用时也无法准确地计算使用浓度，也可能会造成以上药害症状的发生（见表2-52）。

表2-52　氯吡脲用于荔枝发生药害的原因与症状

序号	发生的原因	症状
1	使用时期过早	僵果、前期坐果过多（图2-185）
2	使用浓度过大或使用次数过多	僵果、坐果过多（图2-185），果小（图2-186），着色不良、贪青晚熟（图2-187），果皮粗糙（图2-188），加重裂果（图2-189）
3	低温、持续阴雨或高温时使用	僵果、生长不良（图2-190）
4	肥水管理不当（偏施氮肥、营养不足）	着色不良、贪青晚熟（图2-187），加重裂果（图2-189），果实偏软、品质下降

（2）常见药害的主要症状　具体症状如图2-185～图2-190显示。

（3）药害的预防方法　①掌握好使用技术。氯吡脲的使用效果和安全性与荔枝品种、使用时期、使用浓度、使用方法、使用次数等多种因素有关，使用前应根据自身的使用目的，学习和掌握好使用技术，以免因使用不当而引起药害发生。如保果、膨果时，一般在谢花后7天左右使用0.5～1mg/kg处理果穗，不能使用过早、浓度不能过高，否则会出现保果过多、增加僵果，妃子笑品种会加重翻花等异常现象，也不

图2-185　僵果、前期坐果过多

图2-186　果小

图2-187　着色不良、贪青晚熟

图2-188　果皮粗糙

图2-189　加重裂果

图2-190　僵果、生长不良

能使用过晚、浓度过低，否则会出现坐果差、延迟成熟的异常现象。②在适宜的环境条件下使用。在低温、持续阴雨、高温的天气使用，会引起或加重药害的发生，使用时应根据环境条件对使用技术及配套管理措施进行适当调整，以预防和减轻药害的发生。如幼果期遇低温、持续阴雨，温度在25℃以下时，一般会适当增加使用浓度，25～33℃按正常浓度使用，高于33℃应避免使用或待温度降至正常范围后再使用。

（4）**药害的解救办法**　①僵果、果皮粗糙：一旦发生，目前无有效的解救方法。应通过适时、适量地使用来预防和减轻。②坐果过多：应通过适当推迟使用时期、降低使用浓度和次数来预防；已经保果过多的，可及时人工疏果，保存适当坐果量。③果实生长不良、果小：应通过适当推迟使用时期、降低使用浓度和次数来预防；发现果实有生长不良的趋势时，可通过适当修穗、疏果，维持合适的载果量和功能叶片，增施国光松达生物有机肥，根据树势和负载量，适时、适量地使用高钾型复合肥或大量元素水溶肥料（松尔肥，或施特优，或雨阳水溶肥）和微量元素水溶肥（壮多），并喷施国光膨果套餐，来促进果实生长。④着色不良、贪青晚熟、果实偏软、品质下降：应适时、适量地使用；适当增施国光松达生物有机肥，根据树势和负载量施用大量元素水溶肥料（施特优，或雨阳水溶肥，或施它）和微量元素水溶肥（壮多）；于果实着色初期，喷施植物生长调节剂8%胺鲜酯可溶粉剂（天都）、0.1%三十烷醇微乳剂（优丰）和大量元素水溶肥（冠顶）；同时多留功能叶，适当疏果，维持适宜的载果量。通过以上措施可促进着色、提高品质。⑤裂果：一旦发生，目前无有效的解救方法，可从幼果期开始，叶面喷施中量元素水溶肥（络佳钙）和植物生长调节剂0.1%三十烷醇微乳剂（优丰），根施中量元素水溶肥（络佳钙）和含腐植酸水溶肥（根莱士），同时加强水分管理，维持水分的均衡供应，防止忽干忽湿或后期水分过多等措施来预防和减轻。

十、莲雾

（1）药害发生的原因 莲雾使用氯吡脲时，一般使用浓度不超过1mg/kg，使用浓度过大或次数过多时，会出现畸形果、裂果和着色不良；若使用时期不当，花蕾期使用过早易导致花蕾萼片变红，使用过晚易加重裂果，嫩叶期使用，嫩叶表面易出现暗红色斑点，幼果期使用过早，幼果宿存萼片易变红；若施药不均匀，易导致畸形果；在栽培管理不当（如树势衰弱、肥水管理差）、环境条件不适宜等情况下使用，可能较低浓度就会发生或加重以上药害症状；在选择药剂时，如果选用了"以肥代药"或"三无"产品，由于不知道产品的成分及含量，使用时也无法准确地计算使用浓度，也可能会造成以上药害症状的发生（见表2-53）。

表2-53　氯吡脲用于莲雾发生药害的原因与症状

序号	发生的原因	症状
1	使用时期不当（使用过早或过晚）	使用过早花蕾萼片变红（图2-191），使用过晚加重裂果（图2-192）
2	使用浓度过大或次数过多	果实着色不良（图2-193），畸形果（图2-194），加重裂果（图2-192）
3	喷施不均匀	畸形果（图2-194）
4	幼果期及嫩叶期使用	嫩叶表面出现暗红色斑点（图2-195），幼果宿存萼片变红（图2-196）
5	低温、持续阴雨或高温	畸形果（图2-194），加重裂果（图2-192）
6	肥水管理不当（偏施氮肥、营养不足）	果实着色不良（图2-193），加重裂果（图2-192）

（2）常见药害的主要症状 具体症状如图2-191～图2-196显示。

图2-191 花蕾萼片变红

图2-192 加重裂果

图2-193 果实着色不良

图2-194 畸形果

图2-195 嫩叶表面出现暗红色斑点

图2-196 幼果宿存萼片变红

（3）药害的预防方法 ①掌握好使用技术。氯吡脲的使用效果和安全性与莲雾品种、使用时期、使用浓度、使用方法、使用次数等多种因素有关，使用前应根据自身的使用目的，学习和掌握好使用技术，以免因使用不当而引起异常症状的发生。如黑金刚莲雾，使用氯吡脲膨果时，一般在谢花后1周左右，使用0.5～1.0mg/kg全株喷施，间隔1周左右使用一次，共用两次，须注意在果实转色后禁用，以免增加裂果。②在适宜的环境条件下使用。低温、持续阴雨、高温、土壤黏重或沙性过强等也会引起或加重异常症状的发生，使用时应根据环境条件对使用技术及配套管理措施进行适当调整，以预防和减轻这些异常症状的发生。一般温度在 25～32℃时按正常浓度使用，温度高于 32℃需适当降低浓度使用或待温度降至正常范围再使用，温度低于 25℃可适当增加浓度使用。③掌握好配套的栽培管理技术。负载量大、有效叶片数量少、田间的通风透光程度差、肥水管理不良、病虫害发生等都会引起或加重异常症状，只有做好了配套的栽培管理工作，才能尽可能地避免和减轻药害。如丰产树单批的产量应控制在75～100kg，若单批挂果量远远高于 100kg，则对膨果效果有影响，还会削弱树势，影响后期产量和品质。

（4）药害的解救办法　①畸形果：一旦发生，目前无有效解救方法；应通过适时、适量地使用和均匀喷雾，来预防和减轻。轻微的畸形现象，可通过加强水肥管理来适当缓解；严重畸形的，应及时疏除。②裂果：一旦发生，目前无有效的解救方法，可从幼果期开始，叶面喷施中量元素水溶肥（络佳钙）和植物生长调节剂0.1% 三十烷醇微乳剂（优丰），根施中量元素水溶肥（络佳钙）和含腐植酸水溶肥（根莱士），同时加强水分管理，维持水分的均衡供应，防止忽干忽湿或后期水分过多。③着色不良：适当增施国光松达生物有机肥，根据树势和负载量施用高钾型复合肥或大量元素水溶肥料（施特优，或松尔肥，或雨阳水溶肥，或施它，或沃克瑞）和含腐植酸水溶肥（根莱士）；于果实着色初期，喷雾植物生长调节剂 8% 胺鲜酯可溶粉剂（天都）、0.1% 三十烷醇微乳剂（优丰）和大量元素水溶肥（冠顶）；同时注重修剪，保证果园通风透光，多留功能叶，适当疏果，维持适宜的载果量来促进着色、提高品质。④萼片及嫩叶出现暗红色斑点：不影响果实产量和品质，症状会逐渐自然消失。

十一、西瓜／甜瓜（哈密瓜）

（1）药害发生的原因　西瓜／甜瓜使用氯吡脲时，一般使用浓度不超过 12mg/kg。使用时期过早或浓度过大或次数过多时，会出现僵瓜、畸形瓜或裂瓜加重现象；施药方法不当（喷雾不均匀）时，会出现果实生长不均匀、两侧大小不一致，裂瓜加重，大肚瓜或其他畸形瓜现象；在环境条件不适宜（低温、持续阴雨、高温）时使用，会出现化瓜、僵瓜、裂瓜、畸形瓜现象；在栽培管理不当（偏施氮肥、肥水不足、杂草过多、病虫害发生严重）情况下使用，可能在较低浓度下就会发生或加重以上药害症状；在选择药剂时如果选用了"以肥代药"或"三无"产品，由于不知道产品的成分及含量，使用时也无法准确地计算使用浓度，也可能会造成以上药害症状的发生（见表 2-54）。

表2-54 氯吡脲用于西瓜/甜瓜（哈密瓜）发生药害的原因与症状

序号	发生的原因	症状
1	使用时期过早或浓度过大或次数过多	畸形瓜（图2-197），加重裂瓜（图2-198），僵瓜（图2-199）
2	使用方法不当（喷雾不均匀）	畸形瓜（图2-197），大肚瓜（图2-200），加重裂瓜（图2-198）
3	低温、持续阴雨、高温、偏施氮肥、肥水不足	化瓜（图2-201），畸形瓜（图2-197），加重裂瓜（图2-198），僵瓜（图2-199）

（2）常见药害的主要症状　具体症状如图2-197～图2-201显示。

图2-197　畸形瓜

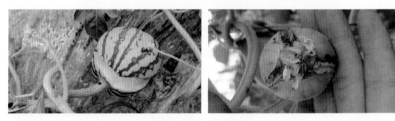

图2-198　加重裂瓜

图2-199　僵瓜

图 2-200　大肚瓜

图 2-201　化瓜

（3）药害的预防方法　①掌握好使用技术。氯吡脲的使用效果和安全性与西/甜瓜品种、使用时期、使用浓度、使用方法、使用次数等多种因素有关，使用前应根据自身的使用目的，学习和掌握好使用技术，以免因使用不当而引起异常症状的发生。使用氯吡脲坐瓜时，应在开花当天上午或开花前一天使用，西瓜使用浓度为 4 ～ 6.67mg/kg，甜瓜使用浓度为 3.3 ～ 5mg/kg。使用浓度过低，容易出现化瓜；使用浓度过高容易导致僵瓜，加重裂瓜现象。②在适宜的环境条件下使用。低温、持续阴雨、高温、土壤黏重或沙性过强等也会引起或加重异常症状的发生，使用时应根据环境条件对使用技术及配套管理措施进行适当调整，以预防和减轻这些异常症状的发生。如坐瓜期遇低温、持续阴雨，温度在 18℃ 以下时，一般会适当增加氯吡脲的使用浓度，在 18 ～ 30℃ 之间时，按正常浓度使用，高于 30℃ 时，适当降低使用浓度或待温度降至正常范围后再使用。③掌握好配套的栽培管理技术。如留瓜节位、田间的通风透光程度、肥水管理、病虫害防治等都与异常症状的发生有关，只有做好了配套的栽培管理工作，才能尽可能地避免和减轻药害。如通常西瓜用主蔓上第 13 ～ 17 节位的雌花坐瓜，甜瓜（哈密瓜）根据栽培方式不同，选用不同节位的子蔓或孙蔓坐瓜；采用单蔓/两蔓/三蔓整枝方式，去除多余的侧枝，保证田间的通风透光条件；肥水管理上应增加有机肥的使用，一般应使用优质生物有机肥 50 ～ 100kg/ 亩配合适量的腐熟农家肥或土杂肥等，同时应根据品种适当控制氮肥，增加磷、钾肥用量，并注意补充钙、镁等中量元素及硼、锌、铁、钼等微量元素。

（4）药害的解救办法　①僵瓜、化瓜、大肚瓜：一旦发生，目前无有效的解救方法。应在正常气候、科学合理的肥水管理条件下，采用正确的方法（均匀喷雾瓜胎表面），适时、适量地使用药剂，来预防和减轻。②畸形瓜：应在正常气候、科学合理的肥水管理条件下，采用正确的方法（均匀喷雾瓜胎表面），适时、适量地使用药剂，来预防和减轻。症状轻微的，可以通过翻瓜，在坐瓜后 5 ～ 7 天叶面喷施植物生长调节剂 0.1% S-诱抗素水剂（动力）、中量元素水溶肥（络佳钙）和磷酸二氢钾（国光甲），同时加强水肥管理，根据坐瓜量及植株长势适时适量施入复合肥或大量元素水溶肥料（施它、施特优、沃克瑞）等进行缓解；症状严重的，不易恢复，应及时疏除。③裂瓜：一旦发生，目前无有效的解救方法。应在正常气候条件下，适时、适量地使用，均匀喷雾瓜胎表面；避免偏施氮肥，适当增施钙肥，用复合肥料（松尔肥）、松达生物有机肥和微量元素水溶肥（壮多）作底肥，雌花开放前喷施中量元素水溶肥（络佳钙）和硼酸（国光朋），坐瓜后，根部施入中量元素水溶肥（络佳钙）、复合肥或大量元素水溶肥料（施特优、沃克瑞、施它）和含腐植酸水溶肥（根莱士或生根园），结合叶面喷施植物生长调节剂 0.1% S-诱抗素水剂（动力）、中量元素水溶肥（络佳钙）和磷酸二氢钾（国光甲）；加强水分管理，维持水分的均衡供应，防止忽干忽湿或后期水分过多，合理控温，避免温度短时间内剧烈变化。

十二、黄瓜

（1）药害发生的原因　黄瓜使用氯吡脲，一般不超过 10mg/kg。使用时期过早或浓度过大或次数过多时，会出现僵瓜、畸形瓜或瓜苦现象；施药方法不当（瓜胎未完全浸入药液）时，会出现果实生长不均匀、上下两端差异大的畸形瓜现象；在环境条件不适宜（低温、持续阴雨、高温）时使用，会出现化瓜、僵瓜、裂瓜、畸形瓜现象；在栽培管理不当（偏施氮肥、肥水不足、杂草过多、病虫害发生严重）情况下使用，可能在较低浓度下就会发生或加重以上药害症状；在选择药剂时如果选用了"以肥代药"或"三无"产品，由于不知道产品的成分及含量，使用时也无法准确地计算使用浓度，也可能会造成以上药害症状的发生（见表 2-55）。

表2-55　氯吡脲用于黄瓜发生药害的原因与症状

序号	发生的原因	症状
1	使用时期过早或浓度过大或次数过多	僵瓜（图2-202），畸形瓜（图2-203），瓜苦
2	瓜胎未完全浸入药液	畸形瓜（图2-203）
3	低温、持续阴雨、高温、偏施氮肥、肥水不足	化瓜（图2-204），僵瓜（图2-202），畸形瓜（图2-203）

（2）常见药害的主要症状　具体症状如图2-202～图2-204显示。

（3）药害的预防方法　①掌握好使用技术。氯吡脲的使用效果和安全性与黄瓜品种、使用时期、使用浓度、使用方法、使用次数等多种因素有关，使用前应根据自身的使用目的，学习和掌握好使用技术，以免因使用不当而引起异常症状的发生。如坐瓜时，可在开花当天上午或开花前一天使用3.3～5mg/kg的药液浸蘸瓜胎。使用浓度过低，容易出现化瓜；使用浓度

图2-202　僵瓜

过高容易导致僵瓜、畸形瓜现象。②在适宜的环境条件下使用。低温、高温、连续阴雨天气等会增加异常症状的发生率。使用时应根据环境条件对使用技术及配套管理措施进行适当调整，以预防和减轻这些异常症状的发生。黄瓜坐瓜期如遇低温、持续阴雨，温度在18℃以下时，一般会适当增加氯吡脲的使用浓度，在18～30℃之间时，按正常浓度使用，高于30℃时，适当降低使用浓度或待温度降至正常范围后再使用。③掌握好配套的栽培管理技术。如留瓜节位和数量、功能叶片数量、田间的通风透光程度、肥水管理、病虫害防治等都与异常症状的发生有关，只有

图2-203　畸形瓜

图2-204 化瓜

做好了配套的栽培管理工作，才能尽可能地避免和减轻药害。根据植株长势，根瓜以下的侧枝应及时去除，保证根瓜的生长，并控制瓜条数量在2～3条之间，保证瓜条和茎叶均能正常生长。日常管理过程中，应保证植株有20片左右的功能叶，保证养分的制造能力。大棚栽培时，龙头贴近棚膜时应及时落蔓并疏除老叶，保持通风透光。肥水管理上应增加有机肥的使用，一般应使用优质生物有机肥50～100kg/亩配合适量的腐熟农家肥或土杂肥等，同时应根据品种适当控制氮肥，增加磷、钾肥用量，并注意补充钙、镁等中量元素及硼、锌、铁、钼等微量元素。

（4）药害的解救办法 ①僵瓜、化瓜、大肚瓜：一旦发生，目前无有效的解救方法。应在正常气候、科学合理的肥水管理条件下，采用正确的方法（将整个幼瓜至瓜柄处完全浸入药液中），适时、适量地使用药剂，来预防和减轻。②畸形瓜：应在正常气候、科学合理的肥水管理条件下，采用正确的方法（将整个幼瓜至瓜柄处完全浸入药液中），适时、适量地使用药剂，来预防和减轻。症状轻微的，加强水肥管理，根据坐瓜量及植株长势适时适量施入复合肥或大量元素水溶肥料（施它、施特优、沃克瑞）和含腐植酸水溶肥（根莱士或生根园），结合叶面喷施中量元素水溶肥（络佳钙）和磷酸二氢钾（国光甲）来缓解；症状严重的，不易恢复，应及时疏除。③近瓜柄处味苦：可通过适时、适量地使用药剂来预防。症状轻微的，可通过适当调整养分比例，增施磷、钾肥，根据坐瓜量及植株长势适时适量施入复合肥或大量元素水溶肥料（施它、施特优、雨阳、沃克瑞）和含腐植酸水溶肥（根莱士或生根园）来缓解；症状严重的，不易恢复。

十三、丝瓜

（1）药害发生的原因 丝瓜使用氯吡脲时，一般使用浓度不超过10mg/kg。使用时期过早或浓度过大或次数过多时，会出现僵瓜、畸形瓜或裂瓜现象；施药方法不当（瓜胎未完全浸入药液或未将多余药液抖掉）时，会出现僵瓜、裂瓜及果实生长不均匀、上下两端差异大的畸形瓜现象；在环境条件不适宜（低温、持续阴雨、高温）时使用，会出现化瓜、僵瓜、裂瓜、畸形瓜现象；在栽培管理不当（偏施氮肥、肥水不足、杂草过多、病虫害发生严重）情况下使用，可能在较低浓度下就会发生或加重以上药害症状；在选择药剂时如果选用了"以肥代药"或"三无"产品，由于不知道产品的成分及含量，使用时也无法准确地计算使用浓度，也可能会造成以上药害症状的发生（见表2-56）。

表2-56 氯吡脲用于丝瓜发生药害的原因与症状

序号	发生的原因	症状
1	使用时期过早或浓度过大或次数过多	僵瓜、裂瓜（图2-205），畸形瓜（图2-206）
2	瓜胎未完全浸入药液或未将多余药液抖掉	
3	低温、持续阴雨、高温、偏施氮肥、肥水不足	化瓜（图2-207），僵瓜、裂瓜（图2-205），畸形瓜（图2-206）

（2）常见药害的主要症状 具体症状如图2-205～图2-207显示。

图2-205 僵瓜、裂瓜

图2-206 畸形瓜

图2-207 化瓜

（3）药害的预防方法 ①掌握好使用技术。氯吡脲的使用效果和安全性与丝瓜品种、使用时期、使用浓度、使用方法、使用次数等多种因素有关，使用前应根据自身的使用目的，学习和掌握好使用技术，以免因使用不当而引起异常症状的发生。如坐瓜时，可在开花当天上午或开花前一天使用3.3～5mg/kg的药液浸蘸瓜胎。使用浓度过低，容易出现化瓜；使用浓度过高容易导致僵瓜、裂瓜现象。②在适宜的环境条件下使用。低温、高温、连续阴雨天气等会增加异常症状的发生率。使用时应根据环境条件对使用技术及配套管理措施进行适当调整，以预防和减轻这些异常症状的发生。丝瓜坐瓜期如遇低温、持续阴雨，温度在 18℃ 以下时，一般会适当增加氯吡脲的使用浓度，在 18 ～ 30℃ 之间时，按正常浓度使用，高于 30℃ 时，适当降低使用浓度或待温度降至正常范围后再使用。③掌握好配套的栽培管理技术。如吊架、整枝打杈、落蔓、肥水管理、病虫害防治等都与异常症状的发生有关，只有做好了配套的栽培管理工作，才能尽可能地避免和减轻药害。如丝瓜主蔓长到 20 ～ 30cm 时，应及时引蔓上架或吊蔓；植株长到近顶棚时，在保证有至少 20 片功能叶的同时，应及时去除底部老叶，进行落蔓。肥水管理上应增加有机肥的使用，一般应使用优质生物有机肥 50 ～ 100kg/ 亩配合适量的腐熟农家肥或土杂肥等，同时应根据品种适当控制氮肥，增加磷、钾肥用量，并注意补充钙、镁等中量元素及硼、锌、铁、钼等微量元素。

（4）药害的解救办法　①僵瓜、化瓜：一旦发生，目前无有效的解救方法。应在正常气候、科学合理的肥水管理条件下，采用正确的方法（瓜胎未完全浸入药液或未将多余药液抖掉），适时、适量地使用药剂，来预防和减轻。②畸形瓜：应在正常气候、科学合理的肥水管理条件下，采用正确的方法（瓜胎未完全浸入药液或未将多余药液抖掉），适时、适量地使用药剂，来预防和减轻。症状轻微的，加强水肥管理，根据坐瓜量及植株长势适时适量施入复合肥或大量元素水溶肥料（施它，或施特优，或沃克瑞）和含腐植酸水溶肥（根莱士或生根园）等，结合叶面喷施中量元素水溶肥（络佳钙）和磷酸二氢钾（国光甲）来缓解；症状严重的，不易恢复，应及时疏除。③裂瓜：一旦发生，目前无有效的解救方法。应在正常气候条件下，适时、适量地使用，将整个幼瓜至瓜柄处完全浸入药液中；避免偏施氮肥，用复合肥料（松尔肥）、松达生物有机肥和微量元素水溶肥（壮多）作底肥，花果期喷施"国光络佳 + 国光朋"，根部施入中量元素水溶肥（络佳钙）、复合肥或大量元素水溶肥料（施它，或施特优，或沃克瑞）和含腐植酸水溶肥（根莱士或生根园）；加强水分管理，维持水分的均衡供应，防止忽干忽湿或后期水分过多，合理控温，避免温度短时间内剧烈变化。

第七节

噻苯隆

一、苹果

（1）药害发生的原因　苹果使用噻苯隆时，一般使用浓度不超过 2mg/kg。浓度过大或喷雾不均匀时，会出现果萼开裂、发青，果实畸形、偏斜果等药害症状；

在树势衰弱、肥水管理差、干旱等条件不适宜情况下使用，可能在较低浓度下就会发生或加重以上药害症状；在选择药剂时如果选用了"以肥代药"或"三无"产品，由于不知道产品的成分及含量，使用时也无法准确地计算使用浓度，也可能会造成以上药害症状的发生（见表2-57）。

表2-57　噻苯隆用于苹果发生药害的原因与症状

序号	发生的原因	症状
1	使用浓度过大	果萼开裂（图2-208），果实畸形（图2-209），果萼发青（图2-210）
2	喷雾不均匀	果实畸形，偏斜果（图2-211）

（2）常见药害的主要症状　具体症状如图2-208～图2-211显示。

图2-208　果萼开裂　　　　　　　图2-209　果实畸形

图2-210　果萼发青　　　　　　　图2-211　偏斜果

（3）药害的预防方法　①掌握好使用技术。噻苯隆的使用效果和安全性与使用浓度、使用次数等因素有关，使用前应根据自身的使用目的，学习和掌握好使用技术，以免因使用不当而引起异常症状的发生。如促进花牛苹果膨大高桩时，一般在盛花期时使用噻苯隆1.6～2.0mg/kg喷花。使用浓度过低，膨大效果差，果子小，使用浓度过高，会增加畸形果率，致使果萼发青。②在适宜的环境条件下使用。低温、持续阴雨、干旱等也会引起或加重异常症状的发生，使用时应根据环境条件对使用技术及配套管理措施进行适当调整，以预防和减轻这些异常症状的发生。如低温、持续阴雨，或幼果生长期过于干旱，对果实的生长均不利，使用效果差。③掌握好配套的栽培管理技术。负载量过大、营养不足、偏施氮肥等都会引起或加重果实畸形、果萼发青等异常症状的发生，只有做好了配套的栽培管理工作，才能尽可能地避免和减轻药害。比如负载量，一般成龄树果园，亩留果量在 2500～4000kg，挂果过多，会造成果实生长不良；肥水管理上应增加有机肥和中微量元素肥的使用，一般应使用优质生物有机肥 500～1000kg/ 亩配合适量的腐熟农家肥或土杂肥等，重视采果肥的施用，及时补充养分，同时应根据树势适当控制氮肥，增加磷、钾肥用量，并注意补充硫、钙、镁、硼、锌、铁、钼等中微量元素。

（4）药害的解救办法　①果萼开裂、偏斜果、果实畸形、果萼发青：一旦发生，目前无有效的解救方法，应通过适当降低使用浓度、喷雾均匀来预防和减轻。②在幼果期发现畸形果等，应及时疏除，加强肥水管理，根据树势和负载量适时适量地施入复合肥或大量元素水溶肥料（松尔肥，或施特优，或雨阳水溶肥），促进果实生长，来减少后期畸形果比例。

二、蓝莓

（1）药害发生的原因　蓝莓上使用噻苯隆时，一般使用浓度不超过 1mg/kg。浓度过大时，会出现果实灼伤、嫩叶萎蔫、灼伤的药害症状。在树势衰弱、肥水管理差、高温、干旱等条件不适宜情况下使用，可能在较低浓度下就会发生或加重以上药害症状；在选择药剂时如果选用了"以肥代药"或"三无"产品，由于不知道产品的成分及含量，使用时也无法准确地计算使用浓度，也可能会造成以上药害症状的发生（见表 2-58）。

表 2-58　噻苯隆用于蓝莓发生药害的原因与症状

序号	发生的原因	症状
1	使用浓度过大	灼伤果实（图 2-212），嫩叶萎蔫（图 2-213）

（2）常见药害的主要症状　具体症状如图 2-212、图 2-213 显示。

图 2-212　灼伤果实

（3）**药害的预防方法** 掌握好使用技术。噻苯隆的使用效果和安全性与蓝莓品种、使用时期、使用浓度、使用方法、使用次数等多种因素有关，使用前应根据自身的使用目的，学习和掌握好使用技术，以免因使用不当而引起异常症状的发生。目前，噻苯隆在蓝莓上还没有成熟的应用技术，应避免盲目使用。

（4）**药害的解救办法** ①灼伤果实：一旦发生，目前无有效的解救方法，应通过适时、适量地使用来预防和减轻。若发现误喷，且浓度较高，立即喷施清水，稀释药液浓度，减轻危害。②嫩叶萎蔫：可

图 2-213　嫩叶萎蔫

以通过叶面喷施植物生长调节剂 0.1% 三十烷醇微乳剂（优丰）和含氨基酸水溶肥（稀施美），加强肥水管理，适量使用复合肥或大量元素水溶肥料（松尔肥，或施它，或施特优），结合含腐植酸水溶肥（根莱士）或含氨基酸水溶肥料（根宝）等措施来减轻和缓解。

三、桃、李、杏

（1）**药害发生的原因** 桃、李、杏使用噻苯隆时，一般使用浓度不超过 4mg/kg。使用时期过早、浓度过大或次数过多时，会造成果实畸形，生长停滞，着色不良，后期如遇不良气候等影响，会加重果实裂果等；在树势衰弱、肥水管理差、高温、干旱等条件不适宜情况下使用，可能在较低浓度下就会发生或加重以上药害症状；在选择药剂时如果选用了"以肥代药"或"三无"产品，由于不知道产品的成分及含量，使用时也无法准确地计算使用浓度，也可能会造成以上药害症状的发生（见表 2-59）。

表 2-59　噻苯隆用于桃、李、杏发生药害的原因与症状

序号	发生的原因	症状
1	喷施不均匀	果实畸形（图2-214）
2	使用浓度过大或次数过多	果实畸形（图2-214），生长停滞（图2-215），果实着色不良（图2-216），加重裂果（图2-217）
3	使用时期过早	果实生长停滞（图2-215）

（2）**常见药害的主要症状**　具体症状如图 2-214～图 2-217 显示。

图 2-214　果实畸形

图 2-215　果实生长停滞

图 2-216　果实着色不良

图 2-217　加重裂果

（3）**药害的预防方法**　①掌握好使用技术。噻苯隆的使用效果和安全性与使用时期、使用浓度、使用方法、使用次数等多种因素有关，使用前应根据自身的使用目的，学习和掌握好使用技术，以免因使用不当而引起异常症状的发生。如膨大果实时，一般在桃、李、杏谢花后 15～30 天，使用 0.5～3mg/kg 全株喷雾，膨果时期不宜过早，否则会造成果实生长停滞，使用浓度不宜过大或次数过多，否则会出现畸形果、僵果等现象，也会增加裂果风险，加重着色不良现象的发生和程度，同时药剂喷施不均匀，也易造成果实畸形。②在适宜的环境条件下使用。低温、持续阴雨、高温、土壤黏重或沙性过强等也会引起或加重异常症状的发生，使用时应根据环境条件对使用技术及配套管理措施进行适当调整，如遇持续阴雨应增加使用次数和用量；如遇 30℃以上高温，应减少使用次数和用量，以此来预防和减轻这些异常症状的发生。③掌握好配套的栽培管理技术。负载量、有效叶片数量、田间的通风透光程度、肥水管理、病虫害防治等都是引起或加重异常症状发生的因素，只有做好了配套的栽培管理工作，才能尽可能地避免和减轻药害。比如李树负载量，根据不同果形大小，叶果比维持在（15～30）∶1左右，适时疏果，才能提高果实的品质；肥水管理上应增加有机肥的使用，一般应使用松达生物有机肥500～1000kg/亩配合适量的腐熟农家肥或土杂肥等，同时应根据品种适当控制氮肥用量，增加磷、钾肥用量，并注意补充钙、镁等中量元素及硼、锌、铁、钼等微量元素。

（4）药害的解救办法　①畸形果：一旦发生，目前无有效的解救方法，应通过适时、适量地使用和均匀周到地喷雾，来预防和减轻。②果实生长停滞：一旦发生，目前无有效的解救方法；可以通过适当降低使用浓度、减少使用次数，适当推迟使用时期来预防果实生长停滞；已经发生的，应及时疏除，以促进正常果实生长发育。③裂果：可以适当增施钙、硼等中微量元素肥，从幼果期开始，叶面喷施中量元素水溶肥（络佳钙，或络琦钙镁，或金美盖）、植物生长调节剂0.1%三十烷醇微乳剂（优丰）或0.01% 24-表芸苔素内酯可溶液剂，结合肥水施入中量元素水溶肥（络佳钙，或络琦钙镁，或金美盖），加强水分管理，维持水分的均衡供应，防止忽干忽湿或后期水分过多。④着色不良：可以通过加强肥水管理，根据树势和负载量适时适量地施入高钾复合肥或大量元素水溶肥料（松尔肥，或施它，或施特优，或沃克瑞），维持适当的载果量和功能叶片，叶面喷施含氨基酸水溶肥（稀施美）或含腐植酸水溶肥（络康），植物生长调节剂0.1%三十烷醇微乳剂（优丰）或0.01% 24-表芸苔素内酯可溶液剂，增强树势；在果实开始上色阶段，喷雾植物生长调节剂8%胺鲜酯可溶粉剂（天都）、0.1%三十烷醇微乳剂（优丰）和大量元素水溶肥（冠顶），或喷施植物生长调节剂8%胺鲜酯水剂（施果乐）、0.1%三十烷醇微乳剂（优丰）和磷酸二氢钾（国光甲）等促进上色。

四、葡萄

（1）药害发生的原因　葡萄使用噻苯隆一般不超过6mg/kg。不按需求或品种特性盲目使用，使用浓度过大、时期偏早或次数过多，会造成保果过多、穗轴发硬、果实发黄、生长不良甚至僵果、推迟成熟、加重裂果、着色差甚至不着色等药害的发生。使用时不根据气候条件适当调整使用浓度，使用前后不注重良好的水肥及田间管理，可能在较低浓度下就会发生或加重以上药害症状；或者在选择药剂时如果选用了"以肥代药"或"三无"产品，由于不知道产品的成分及含量，使用时也无法准确地计算使用浓度，也可能会造成药害的发生（见表2-60）。

表2-60　噻苯隆用于葡萄等发生药害的原因与症状

序号	发生的原因	症状
1	使用时期过早	僵果（图2-218），保果过多，大小粒（图2-219），果实着色不良（图2-220）
2	使用浓度过大或次数过多	保果过多，大小粒（图2-219），推迟成熟，青头果（图2-221），加重裂果（图2-222），果实着色不良（图2-220）
3	使用时或使用后遇低温、持续阴雨	僵果（图2-218），坐果差（图2-223），生长不良（图2-224）
4	使用时或使用后遇高温	僵果（图2-218），坐果差（图2-223），果面灼伤（图2-225）
5	肥水管理不当（偏施氮肥，营养不足）	生长不良（图2-224），加重裂果（图2-222），果实着色不良（图2-220）
6	负载量过大	果实着色不良（图2-220），影响幼果膨大、品质下降
7	有效叶片不足	

（2）常见药害的主要症状　具体症状如图2-218～图2-225显示。

图2-218　僵果

图2-219　大小粒

图2-220　果实着色不良

图2-221　青头果

图2-222　加重裂果

图2-223　坐果差

图2-224　生长不良

图2-225　果面灼伤

（3）药害的预防方法　①掌握好使用技术。噻苯隆的使用效果和安全性与葡萄品种、使用时期、使用浓度、使用方法、使用次数等多种因素有关，使用前应根据自身的使用目的，学习和掌握好使用技术，以免因使用不当而引起异常症状的发生。如保果时，一般在谢花后5天左右使用2～4mg/kg处理果穗，保果时不能使用过早、浓度不能过高，否则会出现保果过多，增加僵果和畸形果等现象，也不能使用过晚、浓度过低，否则会出现坐果差、果穗稀拉现象；而在膨大果实时，一般在谢花后15天左右使用3～6mg/kg处理果穗，使用浓度过低，膨大效果差，果子小，使用浓度过高，会增加裂果风险，加重着色不良现象的发生和程度。②在适宜的环境条件下使用。低温、持续阴雨、高温、土壤黏重或沙性过强等也会引起或加重异常症状的发生，使用时应根据环境条件对使用技术及配套管理措施进行适当调整，以预防和减轻这些异常症状的发生。如幼果期遇低温、持续阴雨，温度在18℃以下时，一般可适当添加2～5mg/kg氯吡脲以增强保果效果；高于28℃时，适当降低使用浓度或待温度降至正常范围后再使用。③掌握好配套的栽培管理技术。负载量、有效叶片数量、田间的通风透光程度、肥水管理、病虫害防治等都与异常症状的发生有关，只有做好了配套的栽培管理工作，才能尽可能地避免和减轻药害。比如负载量，一般是根据当地的年均日照时间来确定的，如某地年均日照时间为2000h，则一般亩产量为2000kg，栽培管理技术较好的可放大到2500kg；有效叶片数一般根据叶片大小来确定，每穗750g左右的果，叶片较大的需20片左右、叶片较小的需40片左右才能维持果实较好的品质；肥水管理上应增加有机肥的使用，一般应使用优质生物有机肥500～1000kg/亩配合适量的腐熟农家肥或土杂肥等，同时应根据品种适当控制氮肥，增加磷、钾肥用量，并注意补充钙、镁等中量元素及硼、锌、铁、钼等微量元素。

（4）**药害的解救办法** ①果形改变、青头果、僵果、坐果差、果梗变硬变粗、果面灼伤等：一旦发生，目前还没有有效的解救办法，应通过适时、适量地使用来预防和减轻这些副作用的产生。②保果过多：可以通过适当降低使用浓度、减少使用次数、适当推迟使用时期来预防；已经保果过多的可通过人工疏果，保持适当的果粒数。③着色不良：轻微着色不良可通过适当降低使用浓度，并增施国光松达生物有机肥，根据树势和负载量适时、适量地使用大量元素水溶肥料（施特优或雨阳水溶肥）和磷酸二氢钾（国光甲），多留功能叶，叶面喷施含氨基酸水溶肥（稀施美）或含腐植酸水溶肥（络康），植物生长调节剂0.1%三十烷醇微乳剂（优丰）或0.01% 24-表芸苔素内酯可溶液剂，增强树势，适当疏除部分多余果穗，维持适宜的载果量来改善；在自然着色10%左右，采用彩红套餐促进果实着色。④裂果：应避免偏施氮肥，适当增施钙、硼等中微量元素肥，可从幼果期开始，叶面喷施中量元素水溶肥（络佳钙）和植物生长调节剂0.1%三十烷醇微乳剂（优丰），结合肥水施入中量元素水溶肥（络佳钙，或络琦钙镁，或金美盖），加强水分管理，维持水分的均衡供应，防止忽干忽湿或后期水分过多。⑤生长不良：可以通过加强肥水管理，根据树势和负载量适时适量地施入复合肥或大量元素水溶肥料（沃克瑞、施特优、雨阳），结合含氨基酸水溶肥（根宝）或含腐植酸水溶肥（根莱士）或含氨基酸水溶肥（冲丰），维持适当的载果量和功能叶片，叶面喷施含植物生长调节剂2%苄氨基嘌呤可溶液剂（植生源）、0.1%三十烷醇微乳剂（优丰）和含氨基酸水溶肥（稀施美）的"植优美"套餐，增强树势等措施来缓解。⑥软果：可以通过适当增施钙肥、磷钾肥，根据树势和负载量适时、适量地使用中量元素水溶肥（络佳钙）、大量元素水溶肥料（施特优或雨阳水溶肥）和磷酸二氢钾（国光甲），剪除过多果穗，维持适当的载果量，多留功能叶片等措施来缓解。⑦影响幼果膨大：可以通过修穗、疏果，加强肥水管理，根据树势和负载量适时适量地施入复合肥或大量元素水溶肥料（沃克瑞，或施特优，或雨阳水溶肥），结合含氨基酸水溶肥（根宝）或含腐植酸水溶肥（根莱士），维持适当的载果量，多留功能叶片等措施来缓解。⑧品质下降：可以通过增施国光松达生物有机肥及中量元素水溶肥（络佳钙或络琦钙镁或金美盖）、微量元素水溶肥（络微或壮多），剪除过多果穗，加强叶面营养，维持适当的载果量，多留功能叶片等措施来缓解。

五、甜瓜（哈密瓜）

（1）药害发生的原因 甜瓜（哈密瓜）使用噻苯隆时，一般使用浓度不超过10mg/kg，使用时期过早或浓度过大或次数过多时，会出现僵瓜、畸形瓜或裂瓜现象；使用方法不当（喷雾不均匀）时，果实生长不均匀，出现两侧大小不一致的畸形瓜或大肚瓜现象，同时还会加重裂瓜；在环境条件不适宜（低温、持续阴雨、高温）时使用，会出现化瓜、僵瓜、裂瓜、畸形瓜现象；在栽培管理不当（偏施氮肥、肥水不足、杂草过多、病虫害发生严重）情况下使用，可能在较低浓度下就会发生或加重以上药害症状；在选择药剂时如果选用了"以肥代药"或"三无"产品，由于不知道产品的成分及含量，使用时也无法准确地计算使用浓度，也可能会造成以上药害症状的发生（见表2-61）。

表2-61　噻苯隆用于甜瓜（哈密瓜）发生药害的原因与症状

序号	发生的原因	症状
1	使用时期过早或浓度过大或次数过多	僵瓜（图2-226），畸形瓜（图2-227），裂瓜（图2-228）
2	使用方法不当（喷雾不均匀）	畸形瓜（图2-227），大肚瓜（图2-229），裂瓜（图2-228）
3	低温、持续阴雨、高温、偏施氮肥、肥水不足	化瓜（图2-230），僵瓜（图2-226），畸形瓜（图2-227），裂瓜（图2-228）

（2）常见药害的主要症状 具体症状如图2-226～图2-230显示。

（3）药害的预防方法 ①掌握好使用技术。噻苯隆的使用效果和安全性与甜瓜（哈密瓜）品种、使用时期、使用浓度、使用方法、使用次数等多种因素有关，使用前应根据自身的使用目的，学习和掌握好使用技术，以免因使用不当而引起异

图2-226　僵瓜

图2-227　畸形瓜

图2-228 裂瓜

图2-229 大肚瓜

图2-230 化瓜

常症状的发生。使用噻苯隆坐瓜时，应在开花当天上午或开花前一天使用，甜瓜使用浓度为3.3～5mg/kg。使用浓度过低，容易出现化瓜；使用浓度过高容易导致僵瓜、裂瓜现象。②在适宜的环境条件下使用。低温、持续阴雨、高温、土壤黏重或沙性过强等也会引起或加重异常症状的发生，使用时应根据环境条件对使用技术及配套管理措施进行适当调整，以预防和减轻这些异常症状的发生。如坐瓜期遇低温、持续阴雨，温度在18℃以下时，一般会适当增加噻苯隆的使用浓度，温度在18～30℃之间时，按正常浓度使用，高于30℃时，适当降低使用浓度或待温度降至正常范围后再使用。③掌握好配套的栽培管理技术。如留瓜节位和数量、功能叶片数量、田间的通风透光程度、肥水管理、病虫害防治等都与异常症状的发生有关，只有做好了配套的栽培管理工作，才能尽可能地避免和减轻药害。如甜瓜（哈密瓜）根据栽培方式不同，选用不同节位的子蔓或孙蔓坐瓜；采用单蔓/两蔓/三蔓整枝方式，去除多余的侧枝，保证田间的通风透光条件；肥水管理上应增加有机肥的使用，一般应使用优质生物有机肥50～100kg/亩配合适量的腐熟农家肥或土杂肥等，同时应根据品种适当控制氮肥，增加磷、钾肥用量，并注意补充钙、镁等中量元素及硼、锌、铁、钼等微量元素。

（4）药害的解救办法 ①僵瓜、化瓜、大肚瓜：一旦发生，目前无有效的解救方法。应通过适时、适量使用药剂，均匀喷雾瓜胎表面，来预防和减轻。②畸形瓜：应在正常气候条件下，适时、适量地使用，均匀喷雾瓜胎表面，来减轻和预防。症状轻微的，可以通过翻瓜，在坐瓜后 5～7 天叶面喷施植物生长调节剂 0.1% S-诱抗素水剂（动力）、中量元素水溶肥（络佳钙）和磷酸二氢钾（国光甲），同时加强水肥管理，根据坐瓜量及植株长势适时适量施入复合肥或大量元素水溶肥料（施它，或施特优，或沃克瑞）等功能肥来缓解；症状严重的，不易恢复。③裂瓜：一旦发生，目前无有效的解救方法。应在正常气候条件下，适时、适量地使用，均匀喷雾瓜胎表面；用复合肥料（松尔肥）、国光松达生物有机肥和微量元素水溶肥（壮多）作底肥，雌花开放前喷施中量元素水溶肥（络佳钙）和硼酸（国光朋），坐瓜后，根部施入中量元素水溶肥（络佳钙）、复合肥或大量元素水溶肥料（施特优，或施它，或沃克瑞）和含腐植酸水溶肥（根莱士），结合叶面喷施植物生长调节剂 0.1% S-诱抗素水剂（动力）、中量元素水溶肥（络佳钙）和磷酸二氢钾（国光甲）；加强水分管理，维持水分的均衡供应，防止忽干忽湿或后期水分过多；合理控温，避免温度短时间内剧烈变化。

六、芒果

（1）药害发生的原因　芒果使用噻苯隆，果期一般浓度不超过 25mg/kg，控梢末期（催花）一般浓度不超过 12mg/kg。反季节早熟芒果催花使用浓度过高或次数过多，会出现灼伤花芽，花芽畸形，出花质量差等药害症状；催花时误喷至枝干，会出现枝干出花，消耗树体营养，影响坐果膨果；梢期误用，会出现新梢畸形、黄化，叶片皱缩，窄小等药害症状；盛花期误用，会出现坐果率低等；幼果期使用浓度过大或次数过多，会出现幼果畸形，僵果、大小果，花枝难脱落；快速膨大期使用浓度过大或次数过多，会出现畸形果，无商品性，影响后熟，成"青熟"果；在抽梢蓬数不足、有效叶片不足、树势衰弱、肥水管理差、低温、持续阴雨、高温、土壤沙性过强或偏黏重等情况下使用，可能在较低浓度下就会发生或加重以上药害症状；在选择药剂时如果选用了"以肥代药"或"三无"产品，由于不知道产品的成分及含量，使用时也无法准确地计算使用浓度，也可能会造成以上药害症状的发生（见表 2-62）。

表 2-62　噻苯隆用于芒果发生药害的原因与症状

序号	发生的原因	症状
1	反季节芒果催花使用浓度过高或次数过多	灼伤花芽（图2-231），花芽畸形（图2-232），出花质量差
2	梢期误用	新梢畸形、黄化（图2-233），叶片皱缩、窄小

序号	发生的原因	症状
3	盛花期误用	坐果率低（图2-234）
4	幼果期使用浓度过大或次数过多	幼果畸形（图2-235），僵果、大小果（图2-236），花枝难脱落（图2-237）
5	快速膨大期使用浓度过大或次数过多	畸形果（图2-238），无商品性；影响后熟，成"青熟"果（图2-239）
6	催花时误喷至枝干	枝干出花（图2-240），消耗树体营养

（2）**常见药害的主要症状**　具体症状如图2-231～图2-240显示。

（3）**药害的预防方法**　掌握好使用技术。噻苯隆的使用效果和安全性与芒果品种、使用时期、使用浓度、使用方法、使用次数等多种因素有关，使用前应根据自身的使用目的，学习和掌握好使用技术，以免因使用不当而引起异常症状的发生。如催花期，一般用噻苯隆 8.33 ～ 11.11mg/kg 处理，催花浓度不能过高，否则会出现花芽灼伤、无法正常出花等现象，也不能使用浓度过低，否则催花效果差，会出现无法正常出花（反季节产区）等现象；膨果期，一般用噻苯隆

图2-231　灼伤花芽

图2-232　花芽畸形

图2-233　新梢畸形、黄化

图2-234　坐果率低

图2-235　幼果畸形

图2-236　僵果、大小果

图2-237　花枝难脱落

图2-238　畸形果

图2-239　影响后熟，成"青熟"果

图2-240　枝干出花

8.33 ～ 12.5mg/kg 处理，膨果浓度不能过高，否则会出现果实畸形、果枝出花、异常落果等现象，也不能使用浓度过低，否则膨果效果不佳。

（4）药害的解救办法　①灼伤花芽、花芽畸形、出花质量差：一旦发生，目前无有效的解救方法；应适时、适量使用，来预防和减轻。发现异常的花芽，可拗掉后重新催花（反季节芒果生产区），催花时应适当降低浓度。②新梢畸形、黄化、叶片皱缩、窄小：一旦发生，目前无有效的解救方法。应注意防止误用，发现误用后，及时喷施清水稀释药液，减轻伤害；症状轻微时，及时喷施 0.1% 三十烷醇微乳剂（优丰）、含氨基酸水溶肥（稀施美），并加强肥水管理，适量使用复合肥或大量元素水溶肥料（松尔肥，或沃克瑞，或施特优，或施它）和含氨基酸水溶肥

（根宝）或含腐植酸水溶肥（根莱士），来促进恢复；症状严重时，不易恢复。③坐果率低：一旦发生目前无有效解救方法；应注意防止误用。④畸形果、僵果、大小果：一旦发生，目前无有效的解救方法，应适时、适量地使用来预防，幼果期可选用含植物生长调节剂8%对氯苯氧乙酸钠可溶粉剂（贝稼）、3.6%苄氨·赤霉酸可溶液剂（优乐果）、0.1%三十烷醇微乳剂（优丰）和含氨基酸水溶肥（稀施美）等更为安全、有效的套餐。⑤花枝难脱落：可通过人工修剪剪除，以防擦伤果实。⑥影响后熟，成"青熟"果：一旦发生，目前无有效的解救方法，应适时、适量地使用来预防，于快速膨大期科学合理使用含植物生长调节剂8%对氯苯氧乙酸钠可溶粉剂（贝稼）、3.6%苄氨·赤霉酸可溶液剂（优乐果）、0.1%三十烷醇微乳剂（优丰）和含氨基酸水溶肥（稀施美）等更为安全、有效的套餐。症状轻微的，可根据树势和负载量施用大量元素水溶肥料（施特优，或雨阳水溶肥，或施它）和微量元素水溶肥（壮多）；于果实着色初期，喷雾植物生长调节剂8%胺鲜酯可溶粉剂（天都）、0.1%三十烷醇微乳剂（优丰）和大量元素水溶肥（冠顶）；同时适当疏果，维持适宜的载果量来缓解；症状严重的，不易恢复。⑦枝干出花，消耗树体营养：应采用叶面喷施的方法，尽量避免药液喷到枝干上来预防和减轻。针对出现该症状的树体，应及时疏除花穗，并加强营养补充、防止树体早衰，以稳定产量和品质。

第八节

三十烷醇

猕猴桃

（1）药害发生的原因 猕猴桃萌芽期，在树势衰弱、肥水管理差、土壤干旱的情况下全株喷雾三十烷醇，间隔7天再喷雾一次，浓度较高时（超过1mg/kg），会出现枝梢下垂、卷曲生长的症状；如果树势弱，加之土壤干旱，可能在较低浓度下就会发生或加重以上药害症状；在选择药剂时如果选用了"以肥代药"或"三无"产品，由于不知道产品的成分及含量，使用时也无法准确地计算使用浓度，也可能会造成以上药害症状的发生（见表2-63）。

表2-63　三十烷醇用于猕猴桃发生药害的原因与症状

序号	发生的原因	症状
1	春季土壤干旱时使用次数过多	枝条下垂、卷曲生长（图2-241）

（2）常见药害的主要症状 具体症状如图2-141显示。

（3）药害的预防方法 ①掌握好使用技术。三十烷醇在猕猴桃上使用的安全性与猕猴桃品种、使用浓度、使用次数等多种因素有关，使用前应学习和掌握使用技术，以免因使用不当而引起异常症状的发生。一般用 0.6 ～ 1.0mg/kg 三十烷醇全株喷雾，喷雾 1 ～ 2 次，间隔 7 ～ 10 天，有利于提高光合速率，增强光合作用，但高浓度的三十烷醇会抑制枝条顶端的生长。②在适宜的环境条件下使用。高温、干旱等也会加重异常症状的发生，使用时应根据环境条件对使用技术及配套管理措施进行适当调整，以预防和减轻这些异常症状的发生。如使用三十烷醇时遇高温或干旱，应适当降低使用浓度、减少使用次数。③掌握好配套的栽培管理技术。加强水肥管理可避免和减轻异常症状的发生。猕猴桃萌芽前至展叶期，如土壤干燥，要及时补充水分，否则，枝条生长慢，严重时顶端干枯"收尖"。

图 2-241　枝条下垂、卷曲生长

（4）**药害的解救办法**　枝条下垂、卷曲生长：春季萌芽期，可通过灌水保持土壤适宜的湿度，降低使用次数来预防。症状轻微时，可通过合理灌水、施用含腐植酸水溶肥（根莱士）和复合肥或大量元素水溶肥料（施特优，或施它，或雨阳水溶肥，或松尔肥）来缓解；症状严重时，不易恢复。

第三章

延缓型和抑制型植物生长调节剂常见药害症状与解决方案

抑芽丹

柑橘

（1）**药害发生的原因** 柑橘（砂糖橘）使用抑芽丹，一般使用浓度不超过 600mg/kg，使用次数 1 次，如果使用浓度过大、使用次数过多，易引起砂糖橘幼果僵果、果实畸形现象；一般在春梢老熟且幼果转绿后使用，使用时期不宜过早，如果使用过早（幼果未转绿使用），以及树势弱、营养不良等，都可能引起或加重果实僵果、果实畸形现象的发生；在选择药剂时如果选用了"以肥代药"或"三无"产品，由于不知道产品的成分及含量，使用时也无法准确地计算使用浓度，也可能会造成以上药害症状的发生（见表 3-1）。

表 3-1　抑芽丹用于柑橘发生药害的原因与症状

序号	发生的原因	症状
1	使用浓度过大	僵果（图3-1），果实畸形（图3-2）
2	使用次数过多	
3	使用时期过早	
4	营养不良、树势弱	

（2）**常见药害的主要症状** 具体症状如图 3-1、图 3-2 显示。

（3）**药害的预防方法** ①掌握好使用技术。抑芽丹的使用效果和安全性与柑橘品种、使用时期、使用浓度、使用方法、使用次数等多种因素有关，砂糖橘控夏梢时，一般要求在春梢老熟和果实转绿后施用，重点喷施树冠外围嫩梢，使用前应根

图 3-1　僵果

图 3-2　果实畸形

据自身的使用目的，学习和掌握好使用技术，以免因使用不当而引起异常症状的发生。如砂糖橘控夏梢时，在幼果转绿和春梢老熟后使用一次，使用 500～600mg/kg 进行叶面喷施。针对新的品种、新的区域、新的使用目的等，应在大面积使用前做好小面积试验，以掌握使用技术和配套的栽培管理技术等，尽可能地避免不良症状的发生。②掌握好配套的栽培管理技术。营养不良、树势弱容易出现僵果、畸形等异常现象，应加强营养管理提升树势，以促进幼果期生长发育良好。

（4）药害的解救办法　①僵果、畸形等。一旦发生，目前无有效的解救方法，应通过适量使用来预防和减轻。②若在幼果期发现畸形果、僵果，应及时疏除，通过加强肥水管理，根据树势和负载量适时适量地施入复合肥或大量元素水溶肥料（松尔肥，或施特优，或雨阳水溶肥）和含氨基酸水溶肥（根宝）或含腐植酸水溶肥（根莱士）来促进果实生长，减轻后期僵果和畸形果比例。

第二节

矮壮素

一、苹果

（1）药害发生的原因　苹果使用矮壮素时，一般使用浓度不超过 1500mg/kg。浓度过大时，会出现叶片老化、叶脆的药害症状；在树势衰弱、肥水管理差、高温、干旱等条件不适宜情况下使用，可能在较低浓度下就会发生或加重以上药害症状；在选择药剂时如果选用了"以肥代药"或"三无"产品，由于不知道产品的成分及含量，使用时也无法准确地计算使用浓度，也可能会造成以上药害症状的发生（见表 3-2）。

表 3-2　矮壮素用于苹果发生药害的原因与症状

序号	发生的原因	症状
1	使用浓度过大或次数过多	叶片老化、叶脆（图3-3）

（2）常见药害的主要症状　具体症状如图 3-3 显示。

（3）药害的预防方法　①掌握好使用技术。矮壮素的使用效果和安全性与使用时期、使用浓度、使用次数等多种因素有关，使用前应根据自身的使用目的，学习和掌握好使用技术，以免因使用不当而引起异常症状的发生。用于苹果控旺促花，一般在苹果春梢 10～15cm 时至秋梢生长初期，使用矮壮素 1000～1500mg/kg 2～3 次，每次间隔 15～20 天，并根据树势调整使用浓度，使用浓度过高或次数过多易造成叶片老化、叶脆等异常现象。②在适宜的环境条件下使用。高温、干旱时会引起或加重异常症状的发生，使用时应根据环境条件对使用技术及配套管理措施进行适当调整，以预防和减轻这些异常症状的发生。如遇高温、干旱时，适当降低使用浓度或不用。③掌握好配套的栽培管理技术。树势衰弱、肥水管理差、树势差异大等都会引起或加重异常症状的发

图3-3　叶片老化、叶脆

生，只有做好了配套的栽培管理工作，才能尽可能地避免和减轻药害。比如因肥水管理差等导致树势衰弱，应避免使用，此时可以加强肥水管理，待树势恢复后再根据情况确定是否使用。果园树势差异大（一些旺、一些弱），也不利于统一用药，应根据果园树势，灵活调整使用浓度，对于弱树，可少喷或不喷施。

（4）药害的解救办法　叶片老化、叶脆：应根据树势适当降低使用浓度来预防；症状轻微时，可以通过加强肥水管理，根据树势和负载量适时适量地施入复合肥或大量元素水溶肥料（松尔肥或施特优），叶面喷施含氨基酸水溶肥（稀施美）和植物生长调节剂0.1%三十烷醇微乳剂（优丰）等措施来缓解；症状严重时，不易恢复。

二、冬枣

（1）药害发生的原因　冬枣使用矮壮素时，一般使用浓度不超过800mg/kg。浓度过大时，会出现生长不良、叶片斑块状黄化的药害症状；在树势衰弱、肥水管理差、高温、干旱等条件不适宜情况下使用，可能在较低浓度下就会发生或加重以上药害症状；在选择药剂时如果选用了"以肥代药"或"三无"产品，由于不知道产品的成分及含量，使用时也无法准确地计算使用浓度，也可能会造成以上药害症状的发生（见表3-3）。

表3-3　矮壮素用于冬枣发生药害的原因与症状

序号	发生的原因	症状
1	使用浓度过大	叶片出现黄斑、生长不良（图3-4）

（2）常见药害的主要症状　具体症状如图3-4显示。

（3）药害的预防方法　①掌握好使用技术。矮壮素的使用效果和安全性与枣树品种、使用时期、使用浓度、使用方法、使用次数等多种因素有关，使用前应根

图3-4　叶片出现黄斑、生长不良

据自身的使用目的，学习和掌握好使用技术，以免因使用不当而引起异常症状的发生。如冬枣控旺时，一般在枣吊 5 ～ 6 片叶喷施矮壮素 500 ～ 700mg/kg，可有效延缓枣吊生长，促进花蕾分化和枣吊老熟，如浓度过大会产生叶片黄斑、生长不良等异常现象；药液量一般为 75 ～ 100kg/ 亩，药液量过大时也易引起叶片黄斑、生长不良等异常现象的发生。②在适宜的环境条件下使用。持续高温等也会引起或加重异常症状的发生，使用时应根据环境条件对使用技术及配套管理措施进行适当调整，以预防和减轻这些异常症状的发生。③掌握好配套的栽培管理技术。如田间的通风透光程度、肥水管理、病虫害防治等都与异常症状的发生有关，只有做好了配套的栽培管理工作，才能尽可能地避免和减轻药害。如肥水管理：基肥（月子肥）应增加有机肥的使用，一般应使用优质生物有机肥 500kg/ 亩或腐熟农家肥或土杂肥 1000 ～ 2000kg/ 亩等，同时应根据品种和树势适当控制氮肥，增加磷、钾肥用量，并注意补充钙、镁等中量元素及硼、锌、铁、钼等微量元素；坐果前追肥应以高磷钾、中磷钾水溶肥为主，同时叶面补充硼、锌、铁、钼等微量元素。

（4）**药害的解救办法**　①黄斑：一旦发生，目前还无有效解救方法；应通过适当降低使用浓度、减少药液量，并避免在高温期使用，来预防和减轻。②生长不良或树势衰弱：可以通过加强肥水管理，根据树势和负载量适时适量地施入复合肥或大量元素水溶肥料（松尔肥或施特优），叶面喷施含氨基酸水溶肥（稀施美）和植物生长调节剂 0.1% 三十烷醇微乳剂（优丰）等措施来缓解。

三、番茄

（1）**药害发生的原因**　番茄使用矮壮素，一般浓度不超过 600mg/kg。使用浓度过大或次数过多或高温期使用时，会出现顶芽、新叶黄化、植株早衰、叶片发黄现象；在肥水搭配不合理、杂草过多、病虫害发生严重、环境条件不适宜等情况下使用，可能在较低浓度下就会发生或加重以上药害症状；如果选用了"以肥代药"或"三无"产品，由于不知道产品的成分及含量，使用时也无法准确地计算使用浓度，也可能会造成以上药害症状的发生（见表 3-4）。

表 3-4　矮壮素用于番茄发生药害的原因与症状

序号	发生的原因	症状
1	使用浓度过大或次数过多或高温期使用	顶芽、新叶黄化（图 3-5），植株早衰、叶片发黄（图 3-6）

（2）常见药害的主要症状　具体症状如图 3-5、图 3-6 显示。

图 3-5　顶芽、新叶黄化

图 3-6　植株早衰、叶片发黄

（3）药害的预防方法　①掌握好使用技术。矮壮素的使用效果和安全性与番茄品种、使用时期、使用浓度、使用方法、使用次数等多种因素有关，使用前应根据自身的使用目的，学习和掌握好使用技术，以免因使用不当而引起异常症状的发生。如控旺时，一般在植株生长旺盛阶段使用 333 ～ 500mg/kg 全株喷施，控旺时不能使用过早、浓度不能过高，否则会出现叶片黄化、早衰等现象；也不能使用过晚、浓度过低，否则会出现旺长现象；弱苗不宜使用，否则会出现抑制过度现象。②在适宜的环境条件下使用。低温、持续阴雨、高温、土壤黏重或沙性过强等也会引起或加重异常症状的发生，使用时应根据环境条件对使用技术及配套管理措施进行适当调整，以预防和减轻这些异常症状的发生。如生长期遇低温、持续阴雨，一般不宜使用或减量使用，长时间温度高于 18℃时，可根据植株长势，适当增加使用浓度或使用次数。③掌握好配套的栽培管理技术。如负载量、有效叶片数量、田间的通风透光程度、肥水管理等都与异常症状的发生有关，只有做好了配套的栽培管理工作，才能尽可能地避免和减轻药害。比如负载量，根据植株长势，适当多留果，常规中果型品种单个果穗留果 4 ～ 6 个，大果型品种留果 3 ～ 4 个，达到以果控梢的目的。肥水管理上应增加有机肥的使用，一般应使用优质生物有机肥 100 ～ 200kg/ 亩，配合适量的腐熟农家肥或土杂肥等，注意增施磷、钾肥，并补充钙、镁等中量元素及硼、锌、铁、钼等微量元素；同时，针对旺长植株应控制氮肥，控水，对于弱株应适当补充氮肥。

（4）**药害的解救办法** ①顶芽、新叶发黄：应通过适时、适量地使用药剂，避免高温期用药，来预防和减轻。症状轻微的，可通过施入复合肥或大量元素水溶肥料（松尔肥，或沃克瑞，或施它，或施特优）和含腐植酸水溶肥（根莱士），叶面喷施植物生长调节剂0.1%三十烷醇微乳剂（优丰），或8%胺鲜酯可溶粉剂（天都），或8%胺鲜酯水剂（施果乐），或0.01% 24-芸苔素内酯可溶液剂，结合含氨基酸水溶肥（稀施美），或含腐植酸水溶肥（络康），或大量元素水溶肥料（雨阳水溶肥或冠顶）等来缓解；症状严重的，不易恢复。②植株早衰、叶片发黄：一旦发生，目前无有效的解救的方法；应通过适时、适量地使用药剂，避免高温期用药，来预防和减轻。

四、辣椒

（1）**药害发生的原因** 辣椒使用矮壮素时，一般浓度不超过600mg/kg。使用浓度过大或次数过多或高温期使用时，会出现顶芽、新叶黄化，植株早衰、叶片发黄，畸形果，僵果现象；在肥水搭配不合理、杂草过多、病虫害发生严重、环境条件不适宜等情况下使用，可能在较低浓度下就会发生或加重以上药害症状；在选择药剂时如果选用了"以肥代药"或"三无"产品，由于不知道产品的成分及含量，使用时也无法准确地计算使用浓度，也可能会造成以上药害症状的发生（见表3-5）。

表3-5　矮壮素用于辣椒发生药害的原因与症状

序号	发生的原因	症状
1	使用浓度过大或次数过多或高温期使用	顶芽、新叶黄化（图3-7），植株早衰、叶片发黄（图3-8），畸形果（图3-9），僵果（图3-10）

（2）**常见药害的主要症状** 具体症状如图3-7～图3-10显示。

（3）**药害的预防方法** ①掌握好使用技术。矮壮素的使用效果和安全性与辣椒品种、使用时期、使用浓度、使用方法、使用次数等多种因素有关，使用前应根据自身的使用目的，学习和掌握好使用技术，以免因使用不当而引起异常症状

图3-7　顶芽、新叶黄化

图3-8　植株早衰、叶片发黄

图 3-9　畸形果　　　　　　　　　　　　图 3-10　僵果

的发生。控旺时，一般在植株生长旺盛阶段使用 333 ～ 500mg/kg 全株喷施，控旺时不能使用过早、浓度不能过高，否则会出现叶片黄化、早衰等现象；也不能使用过晚、浓度过低，否则会出现旺长现象；弱苗不宜使用，否则会出现抑制过度现象。②在适宜的环境条件下使用。低温、持续阴雨、高温、土壤黏重或沙性过强等也会引起或加重异常症状的发生，使用时应根据环境条件对使用技术及配套管理措施进行适当调整，以预防和减轻这些异常症状的发生。如生长期遇低温、持续阴雨，一般不宜使用或减量使用，长时间温度高于 18℃时，可适当增加使用浓度或使用次数。③掌握好配套的栽培管理技术。如负载量、有效叶片数量、田间的通风透光程度、肥水管理等都与异常症状的发生有关，只有做好了配套的栽培管理工作，才能尽可能地避免和减轻药害。如植株长势过旺，可适当多留果，菜椒类亩产控制在 3000kg 左右，达到以果控梢的目的，如果实较多，植株长势弱，可适当疏除部分品质较差的果实，及时补充养分，恢复植株长势。肥水管理上应增加有机肥，一般用优质生物有机肥 100 ～ 200kg/ 亩，配合适量的腐熟农家肥或土杂肥等，注意增施磷、钾肥，并补充钙、镁等中量元素及硼、锌、铁、钼等微量元素；同时，针对旺长植株应控制氮肥、控水，对于弱株应适当补充氮肥。

（4）药害的解救办法　①顶芽、新叶发黄、畸形果：应通过适时、适量地使用药剂，避免高温期用药，来预防和减轻。症状轻微的，可通过施入复合肥或大量元素水溶肥料（松尔肥，或沃克瑞，或施它，或施特优）和含腐植酸水溶肥（根莱士），叶面喷施植物生长调节剂 0.1% 三十烷醇微乳剂（优丰），或 8% 胺鲜酯可溶粉剂（天都），或 8% 胺鲜酯水剂（施果乐），或 0.01% 24- 芸苔素内酯可溶液剂，结合含氨基酸水溶肥（稀施美），或含腐植酸水溶肥（络康），或大量元素水溶肥料（雨阳水溶肥或冠顶）等来缓解；症状严重的，不易恢复。②植株早衰、叶片发黄、僵果：一旦发生，目前无有效的解救方法；应通过适时、适量地使用药剂，避免高温期用药，来预防和减轻。发现僵果，应及时疏除，以减少营养消耗，促进正常果实生长。

五、西瓜

（1）药害发生的原因　西瓜使用矮壮素，一般浓度不超过 600mg/kg。使用浓度过大或次数过多或高温期使用时，会出现新叶黄化、植株叶片发黄、早衰现象；在肥水搭配不合理、杂草过多、病虫害发生严重、环境条件不适宜等情况下使用，可能在较低浓度下就会发生或加重以上药害症状；在选择药剂时如果选用了"以肥代药"或"三无"产品，由于不知道产品的成分及含量，使用时也无法准确地计算使用浓度，也可能会造成以上药害症状的发生（见表 3-6）。

表 3-6　矮壮素用于西瓜发生药害的原因与症状

序号	发生的原因	症状
1	使用浓度过大或次数过多或高温期使用	新叶黄化（图 3-11），植株叶片发黄（图 3-12）

（2）常见药害的主要症状　具体症状如图 3-11、图 3-12 显示。

图 3-11　新叶黄化　　　　　　　图 3-12　植株叶片发黄

（3）药害的预防方法　①掌握好使用技术。矮壮素的使用效果和安全性与西瓜品种、使用时期、使用浓度、使用方法、使用次数等多种因素有关，使用前根据自身的使用目的，学习和掌握好使用技术，以免因使用不当而引起异常症状的发生。控旺时，一般在植株生长旺盛阶段使用 333～500mg/kg 全株喷施，控旺时不能使用过早、浓度不能过高，否则会出现叶片黄化、早衰等现象；也不能使用过晚、浓度过低，否则会出现旺长现象；弱苗和坐瓜后不宜使用，否则会出现抑制过度现象。②在适宜的环境条件下使用。低温、持续阴雨、高温、土壤黏重或沙性过强等也会引起或加重异常症状的发生，使用时应根据环境条件对使用技术及配套管理措施进行适当调整，以预防和减轻这些异常症状的发生。如生长期遇低温、持续阴雨，一般不宜使用或减量使用，长时间温度高于 18℃时，可适当增加使用浓度或使用次数。③掌握好配套的栽培管理技术。如负载量、有效叶片数量、田间的通风透光程度、肥水管理等都与异常症状的发生有关，只有做好了配套的栽培管理工作，才能尽可能地避免和减轻药害。比如负载量，植株长势过旺，可在 9～13 节均留瓜，达到以瓜压蔓的目的，待瓜蔓长势恢复正常后再选留 1 个优质瓜，植株长势过弱，应适当晚留瓜，并适当补充养分、健壮植株，待植株恢复正常生长后再留瓜。如肥水管理上应增加有机肥的使用，一般应使用优质生物有机肥 100～200kg/亩，配合适量的腐熟农家肥或土杂肥等，注意增施磷、钾肥，并补充钙、镁等中量元素及硼、锌、铁、钼等微量元素；同时，针对旺长植株应控制氮肥、控水，对于弱株应适当补充氮肥。

（4）药害的解救办法　新叶黄化、植株叶片发黄：应通过适时、适量地使用药剂，避免高温期用药，来预防和减轻。症状轻微的，可通过施入复合肥或大量元素水溶肥料（松尔肥，或沃克瑞，或施它，或施特优）和含腐植酸水溶肥（根莱士），叶面喷施植物生长调节剂 0.1% 三十烷醇微乳剂（优丰），或 8% 胺鲜酯可溶粉剂（天都），或 8% 胺鲜酯水剂（施果乐），或 0.01% 24-芸苔素内酯可溶液剂，结合含氨基酸水溶肥（稀施美），或含腐植酸水溶肥（络康），或大量元素水溶肥料（雨阳水溶肥或冠顶）等来缓解；症状严重的，不易恢复。

六、豆角

（1）药害发生的原因　豆角使用矮壮素时，一般使用浓度不超过 600mg/kg。使用浓度过大或次数过多或高温期使用时，会出现叶片黄化、畸形果现象；在栽培管理不当（如肥水搭配不合理、杂草过多、病虫害发生严重）、环境条件不适宜等情况下使用，可能在较低浓度下就会发生或加重以上药害症状；在选择药剂时如果选用了"以肥代药"或"三无"产品，由于不知道产品的成分及含量，使用时也无法准确地计算使用浓度，也可能会造成以上药害症状的发生（见表3-7）。

表3-7　矮壮素用于豆角发生药害的原因与症状

序号	发生的原因	症状
1	使用浓度过大或次数过多或高温期使用	叶片黄化（图3-13），畸形果（图3-14）

（2）常见药害的主要症状　具体症状如图3-13、图3-14显示。

（3）药害的预防方法　①掌握好使用技术。矮壮素的使用效果和安全性与豆角品种、使用时期、使用浓度、使用方法、使用次数等多种因素有关，使用前应根据自身的使用目的，学习和掌握好使用技术，以免因使用不当而引起异常症状的发生。控旺时，一般在植株生长旺盛阶段使用 333～500mg/kg 全株喷施，控旺时不能使用过早、浓度不能过高，否则会出现叶片黄化、早衰等现象；也不能使用过

图 3-13　叶片黄化　　　　　　　　　图 3-14　畸形果

晚、浓度过低，否则会出现旺长现象；弱苗和坐果后不宜使用，否则会出现抑制过度现象。②在适宜的环境条件下使用。低温、持续阴雨、高温、土壤黏重或沙性过强等也会引起或加重异常症状的发生，使用时应根据环境条件对使用技术及配套管理措施进行适当调整，以预防和减轻这些异常症状的发生。如生长期遇低温、持续阴雨，一般不宜使用或减量使用，长时间温度高于 18℃时，可适当增加使用浓度或使用次数。③掌握好配套的栽培管理技术。如负载量、有效叶片数量、田间的通风透光程度、肥水管理等都与异常症状的发生有关，只有做好了配套的栽培管理工作，才能尽可能地避免和减轻药害。如植株长势过旺，可适当多留果，豇豆亩产控制在 1500～2000kg，四季豆亩产一般在 1500kg 左右，达到以果控梢的目的，如果果实较多，植株长势弱，可适当疏除部分品质较差的果实，及时补充养分，恢复植株长势。如肥水管理上应增加有机肥的使用，一般应使用优质生物有机肥 100～200kg/ 亩，配合适量的腐熟农家肥或土杂肥等，注意增施磷、钾肥，并补充钙、镁等中量元素及硼、锌、铁、钼等微量元素；同时，针对旺长植株应控制氮肥、控水，对于弱株应适当补充氮肥。

（4）**药害的解救办法**　叶片黄化、畸形果，应通过适时、适量地使用药剂，避免高温期用药，来预防和减轻。症状轻微的，可通过施入复合肥或大量元素水溶肥料（松尔肥，或沃克瑞，或施它，或施特优）和含腐植酸水溶肥（根莱士），叶面喷施植物生长调节剂 0.1% 三十烷醇微乳剂（优丰），或 8% 胺鲜酯可溶粉剂（天都），或 8% 胺鲜酯水剂（施果乐），或 0.01% 24-芸苔素内酯可溶液剂，结合含氨基酸水溶肥（稀施美），或含腐植酸水溶肥（络康），或大量元素水溶肥料（雨阳水溶肥或冠顶）等来缓解；症状严重的，不易恢复。

七、黄瓜、茄子

（1）**药害发生的原因**　黄瓜、茄子使用矮壮素，一般浓度不超过 600mg/kg。使用浓度过大或次数过多或高温期使用时，会出现顶芽黄化、畸形果、僵果现象；

在肥水搭配不合理、杂草过多、病虫害发生严重、环境条件不适宜等情况下使用，可能在较低浓度下就会发生或加重以上药害症状；在选择药剂时如果选用了"以肥代药"或"三无"产品，由于不知道产品的成分及含量，使用时也无法准确地计算使用浓度，也可能会造成以上药害症状的发生（见表3-8）。

表3-8　矮壮素用于黄瓜、茄子发生药害的原因与症状

序号	发生的原因	症状
1	使用浓度过大或次数过多或高温期使用	顶芽黄化（图3-15），畸形果（图3-16），僵果（图3-17）

（2）常见药害的主要症状　具体症状如图3-15～图3-17显示。

图3-15　顶芽黄化

图3-16　畸形果　　　　　　　　图3-17　僵果

（3）药害的预防方法　①掌握好使用技术。矮壮素的使用效果和安全性与茄子和黄瓜品种、使用时期、使用浓度、使用方法、使用次数等多种因素有关，使用前应根据自身的使用目的，学习和掌握好使用技术，以免因使用不当而引起异常症状的发生。控旺时，一般在植株生长旺盛阶段使用333～500mg/kg全株喷施，控旺时不能使用过早、浓度不能过高，否则会出现叶片黄化、早衰等现象；也不能使用过晚、浓度过低，否则会出现旺长现象；弱苗不宜使用，否则会出现抑制过度现象。②在适宜的环境条件下使用。低温、持续阴雨、高温、土壤黏重或沙性过强等也会引起或加重异常症状的发生，使用时应根据环境条件对使用技术及配套管理措

施进行适当调整，以预防和减轻这些异常症状的发生。如生长期遇低温、持续阴雨，一般不宜使用或减量使用，长时间温度高于18℃时，可适当增加使用浓度或使用次数。③掌握好配套的栽培管理技术。如负载量、有效叶片数量、田间的通风透光程度、肥水管理等都与异常症状的发生有关，只有做好了配套的栽培管理工作，才能尽可能地避免和减轻药害。比如植株长势过旺，应保留根瓜或门茄，达到以瓜（果）压蔓的目的；植株长势过弱，应疏除根瓜或门茄，并适当补充养分，健壮植株，待植株恢复正常长势后再坐瓜或坐果。如肥水管理上应增加有机肥的使用，一般应使用优质生物有机肥100～200kg/亩，配合适量的腐熟农家肥或土杂肥等，注意增施磷、钾肥，并补充钙、镁等中量元素及硼、锌、铁、钼等微量元素；同时，针对旺长植株应控制氮肥、控水，对于弱株应适当补充氮肥。

（4）药害的解救办法 ①顶芽黄化、畸形果：应通过适时、适量地使用药剂，避免高温期用药，来预防和减轻。症状轻微的，可通过施入复合肥或大量元素水溶肥料（松尔肥，或沃克瑞，或施它，或施特优）和含腐植酸水溶肥（根莱士），叶面喷施植物生长调节剂0.1%三十烷醇微乳剂（优丰），或8%胺鲜酯可溶粉剂（天都），或8%胺鲜酯水剂（施果乐），或0.01% 24-芸苔素内酯可溶液剂，结合含氨基酸水溶肥（稀施美），或含腐植酸水溶肥（络康），或大量元素水溶肥料（雨阳水溶肥或冠顶）等来缓解；症状严重的，不易恢复。②僵果：一旦发生，目前无有效的解救方法；应通过适时、适量地使用药剂，避免高温期用药，来预防和减轻。发现僵果，应及时疏除，以减少营养消耗，促进正常果实生长。

八、当归

（1）药害发生的原因 当归使用矮壮素时，一般浓度不超过600mg/kg。使用时期过早或浓度过大时，会造成叶片边缘黄化，后期变白，严重时造成植株生长停滞；使用次数过多会造成叶片畸形、卷曲；如果在苗势衰弱、肥水管理差、高温、干旱等条件不适宜情况下使用，可能在较低浓度下就会发生或加重以上药害症状；另外，除草剂选择不当或随意加大使用要求浓度，也有可能出现叶片斑点、黄化、卷曲、畸形、植株生长停滞等现象；在选择药剂时如果选用了"以肥代药"或"三无"产品，由于不知道产品的成分及含量，使用时也无法准确地计算使用浓度，也可能会造成以上药害症状的发生（见表3-9）。

表3-9　矮壮素用于当归发生药害的原因与症状

序号	发生的原因	症状
1	使用时期过早	叶片边缘黄化、斑点（图3-18）
2	使用浓度过大	叶片边缘黄化、后期变白（图3-19），生长停滞（图3-20）

序号	发生的原因	症状
3	使用次数过多，间隔期短	叶片卷曲、畸形（图3-21），生长停滞（图3-20）
4	环境条件不适宜（高温、干旱）	叶片黄化、斑点（图3-18），叶片卷曲、畸形（图3-21）生长停滞（图3-20）
5	除草剂选择不当	叶片发白（图3-19），叶片边缘黄化、斑点（图3-18），叶片卷曲、畸形（图3-21），生长停滞（图3-20）

（2）常见药害的主要症状　具体症状如图 3-18～图 3-21 显示。

图 3-18　叶片边缘黄化、斑点　　　　图 3-19　叶片边缘发白

图 3-20　生长停滞　　　　　　　图 3-21　叶片卷曲、畸形

（3）药害的预防方法　①掌握好使用技术。矮壮素的使用效果和安全性与当归品种、使用时期、使用浓度、使用方法、使用次数等多种因素有关，使用前应根据自身的使用目的，学习和掌握好使用技术，以免因使用不当而引起异常症状的发生。如控制当归抽薹时，一般在当归 6～7 片叶（株高 20～25cm）使用 300～600mg/kg 叶面喷施，控制抽薹时不能使用过早、次数不能过多、浓度不能过高、间隔期不能过短，否则会出现生长停滞，叶片边缘黄化、发白，叶片出现卷曲、畸形、皱缩、斑点等现象，也不能使用过晚、浓度过低，否则会出现控制抽薹

效果不佳，当归产量低等不良现象。②在适宜的环境条件下使用。高温、干旱等不良环境条件也会引起或加重异常症状的发生，使用时应根据环境条件对使用技术及配套管理措施进行适当调整，以预防和减轻这些异常症状的发生。如温度在 16℃以下时，一般会适当增加矮壮素的使用浓度，在 16 ~ 25℃ 之间时，按正常浓度使用，高于 25℃ 时，适当降低矮壮素使用浓度或待温度降至正常范围后再使用。③掌握好配套的栽培管理技术。肥水管理、叶片的通风透光程度、田间杂草防除、病虫害防治等都与异常症状的发生有关，只有做好了配套的栽培管理工作，才能尽可能地避免和减轻药害。比如肥水管理，一般根据当地气候条件和生长势来确定，如果当地出现持续高温干旱天气，生长势较弱，田间要及时浇水，一般浇水到田间持水量 50% ~ 60% 为宜。浇水与施肥同步进行。肥水管理上应增施有机肥，一般用优质生物有机肥 100 ~ 200kg/ 亩配合适量的腐熟农家肥等，同时应根据品种适当控制氮肥，增加磷、钾肥用量，并注意补充钙、镁等中量元素及硼、锌、铁、钼等微量元素，建议施用国光高钾松尔肥 25 ~ 50kg/ 亩。④合理选择除草剂。不同成分除草剂的作用机理和杀草谱不同，相同成分除草剂的不同剂型对当归的安全性也有差异。因此，选择除草剂时，应根据实际情况合理选择，以预防和减轻这些异常症状的发生。如遇使用除草剂后表现出异常症状，一般可使用国光"植优美"套餐叶面喷施 1 ~ 2 次进行缓解。

（4）药害的解救办法 ①叶片边缘黄化、发白、卷曲、畸形、斑点：一旦发生，目前无有效的解救方法；应通过适时适量地使用药剂，避免在高温干旱时使用来预防。通过适当增施复合肥料（松尔肥）和微量元素水溶肥（壮多），并结合叶面喷施含植物生长调节剂 2% 苄氨基嘌呤可溶液剂（植生源）、0.1% 三十烷醇微乳剂（优丰）和含氨基酸水溶肥（稀施美）的"植优美"套餐，维持水分的均衡供应等措施，来促进植株健壮生长，促发新叶，减轻这些症状。②生长停滞：可以通过加强肥水管理，增施国光松达生物有机肥和复合肥料（松尔肥），冲施含腐植酸水溶肥（根莱士），叶面喷施含植物生长调节剂 2% 苄氨基嘌呤可溶液剂（植生源）、0.1% 三十烷醇微乳剂（优丰）和含氨基酸水溶肥（稀施美）的"植优美"套餐，同时加强田间管理，及时中耕除草，及时排灌水等措施来缓解。

九、玫瑰、绣球、菊花等花卉

（1）药害发生的原因 花卉控旺上使用矮壮素浓度一般不超过 1000mg/kg，若使用此浓度不合适，对矮壮素较为敏感的花卉品种（如玫瑰、绣球、菊花、鸭脚等）则容易出现叶片黄斑现象，严重程度随浓度升高而加重，且容易出现植株畸形矮小现象；对非敏感的品种，使用过量，使用次数过多，也容易造成生长障碍，植株矮小畸形；在选择药剂时如果选用了"以肥代药"或"三无"产品，由于不知道产品的成分及含量，使用时也无法准确地计算使用浓度，也可能会造成以上药害症状的发生（见表3-10）。

表3-10　矮壮素用于玫瑰、绣球、菊花等花卉发生药害的原因与症状

序号	发生的原因	症状
1	部分花卉品种（如玫瑰、绣球、菊花等）对矮壮素敏感	表现为叶片出现黄斑（图3-22、图3-23、图3-24），抑制生长过度、畸形、矮小
2	使用浓度过大或使用次数过多	
3	使用时期过早	

（2）常见药害的主要症状　具体症状如图3-22～图3-24显示。

图3-22　绣球叶面黄斑　　　图3-23　长寿花叶面黄斑　　　图3-24　菊花叶面黄斑

（3）药害的预防方法　掌握好使用技术。矮壮素的使用效果和安全性与花卉品种、使用时期、使用浓度、使用方法、使用次数等多种因素有关，使用前应根据自身的使用目的，掌握好使用技术，以免因使用不当而引起异常症状的发生。如绣球、菊花、玫瑰、长寿花等对矮壮素敏感的花卉品种，一般在矮壮素单次施用浓度高于1000mg/kg时，或低于此浓度但多次用药积累药量过大时，容易引起叶面花斑的异常症状发生。为避免此类症状发生，不建议使用矮壮素控旺。确实需要控旺的，建议使用花轶500～1000mg/kg、矮秀10～30mg/kg、爱壮10～20mg/kg进行控旺。

（4）药害的解救办法　①针对矮壮素过量使用造成的叶面黄斑，可采用修剪的方法减掉发黄叶片，叶面喷施植物生长调节剂1.4%复硝酚钠水剂（雨阳）和含氨基酸水溶肥（思它灵），使其重新萌发枝叶生长。②针对矮壮素过量使用引起植株生长畸形、矮小现象，可施用适量的植物生长调节剂3.6%苄氨·赤霉酸可溶液剂（花盼）或1.4%复硝酚钠水剂（雨阳），结合含氨基酸水溶肥（思它灵），以缓解生长障碍，促进生长。

多效唑和烯效唑

一、油菜

（1）药害发生的原因 油菜使用烯效唑时，一般浓度不超过 125mg/kg，浓度过大或使用次数过多时，油菜植株会出现矮小缩菀、叶片畸形卷曲、心叶皱缩等药害症状；在苗势衰弱、肥水管理差、高温、干旱等情况下使用，可能在较低浓度下就会发生或加重以上药害症状；在选择药剂时如果选用了"以肥代药"或"三无"产品，由于不知道产品的成分及含量，使用时也无法准确地计算使用浓度，也可能会造成以上药害症状的发生（见表 3-11）。

表 3-11　多效唑 / 烯效唑用于油菜发生药害的原因与症状

序号	发生的原因	症状
1	使用浓度过大或次数过多	植株矮小缩菀、叶片畸形卷曲、心叶皱缩（图3-25），影响后期油菜抽薹、开花及角果发育

（2）常见药害的主要症状 具体症状如图 3-25 显示。

（3）药害的预防方法 掌握好使用技术。多效唑 / 烯效唑用于油菜控旺的使用效果和安全性与使用时期、使用浓度、使用方法、使用次数、使用品种等多种因素有关，使用前应学习和掌握好使用技术，以免因使用不当而引起异常症状的发生。如使用烯效唑用于油菜控旺，一般只应用于甘蓝型油菜品种，在油菜 3 叶 1 心期至抽薹初期使用烯效唑 15 ～ 25g 对水 15kg 进行全株均匀喷雾一次，浓度过高或使用次数过多容易出现油菜植株矮小缩菀、叶片畸形卷曲、心叶皱缩，影响油菜抽薹、开花及角果发育等异常现象。

（4）药害的解救办法 对于异常症状较轻微的，建议及时适量追施复合肥料（松尔肥）、含腐植酸水溶肥（根莱士）或含氨基酸水溶肥（根宝），促进油菜根系生长、复壮植株，缓解和减轻异常症状；对于异常症状严重的，除及时适量追施上述功能肥料套餐以外，还应根据油菜植株生长状况合理使用植物生长调节剂 3.6%苄氨·赤霉酸可溶液剂（妙激）或 3% 赤霉酸乳油（顶跃）或 20% 赤霉酸可溶粉剂

图 3-25　油菜植株矮小缩菀、叶片畸形卷曲、心叶皱缩

（施奇），配合含氨基酸水溶肥（稀施美）进行叶面喷雾缓解，促进油菜植株恢复生长（图3-26）。

图3-26　烯效唑抑制生长过度的油菜，解救后恢复生长

二、水稻

（1）**药害发生的原因**　水稻使用多效唑时，一般使用浓度不超过 400mg/kg，浓度过大或使用时期不当，水稻植株会出现叶片干尖、株型矮小、水稻抽穗迟缓，或抽穗后稻穗畸形等药害症状；在苗势衰弱、肥水管理差、高温、干旱等条件不适宜情况下使用，可能在较低浓度下就会发生或加重以上药害症状；在选择药剂时如果选用了"以肥代药"或"三无"产品，由于不知道产品的成分及含量，使用时也无法准确地计算使用浓度，也可能会造成以上药害症状的发生（见表3-12）。

表3-12　多效唑 / 烯效唑用于水稻发生药害的原因与症状

序号	发生的原因	症状
1	使用浓度过大或使用时期不当	叶片干尖（图3-27），植株矮小（图3-28），水稻不抽穗、稻穗发卷（图3-29）

（2）常见药害的主要症状 具体症状如图3-27～图3-29显示。

图 3-27 水稻叶片干尖

图 3-28 水稻植株矮小

图 3-29 水稻抽穗后稻穗畸形

（3）药害的预防方法 掌握好使用技术。多效唑用于水稻控旺的使用效果和安全性与使用时期、使用浓度、使用方法、使用次数、使用品种等多种因素有关，使用前应学习和掌握好使用技术，以免因使用不当而引起异常症状的发生。如多效唑用于水稻控旺，一般只应用于常规籼稻、粳稻品种，在水稻返青分蘖期至拔节前期亩用多效唑 60～80g，亩用药液量30kg，进行全株均匀喷雾一次；或亩用多效唑100～120g全田撒施；多效唑用于水稻控旺的使用时期不宜过晚，过晚使用可能会影响后期水稻抽穗及稻穗生长，同时也起不到较好抗倒伏的作用。

（4）**药害的解救办法**　在异常症状发生初期进行水稻根部追肥，根据药害发生程度和水稻植株长势适量施入复合肥料（松尔肥），促进水稻植株生长，缓解水稻异常症状；根据药害发生程度科学合理使用植物生长调节剂 3.6% 苄氨·赤霉酸可溶液剂（妙激）或 3% 赤霉酸乳油（顶跃）或 20% 赤霉酸可溶粉剂（施奇），配合含氨基酸水溶肥（稀施美）进行叶面喷雾缓解。

三、马铃薯

（1）**药害发生的原因**　马铃薯使用多效唑/烯效唑时，一般使用浓度多效唑不超过 250mg/kg，烯效唑不超过 80mg/kg，浓度过大时，会出现生长抑制过度、叶片黄化、植株早衰、光合作用降低、匍匐茎短小、薯块生长不良等现象；使用时期不能过早，如果在封垄前使用，会出现植株矮小、叶片皱缩、生长量不足等现象，影响结薯和薯块膨大；如果在肥水管理差、肥力不足的地块使用，还会造成植株生长缓慢，地下块茎生长缓慢，植株衰老快，影响马铃薯产量；在肥水管理差、高温、干旱等条件不适宜情况下使用，可能在较低浓度下就会发生或加重以上药害症状；在选择药剂时如果选用了"以肥代药"或"三无"产品，由于不知道产品的成分及含量，使用时也无法准确地计算使用浓度，也可能会造成以上药害症状的发生（见表 3-13）。

表 3-13　多效唑/烯效唑用于马铃薯发生药害的原因与症状

序号	发生的原因	症状
1	使用时期过早	植株矮小，叶片皱缩、生长量不足（图 3-30），影响结薯和薯块膨大
2	使用浓度过大或次数过多	匍匐茎短小（图 3-31），生长抑制过度、叶片黄化、植株早衰、光合作用降低（图 3-32），薯块生长不良（图 3-33）
3	使用不当（喷洒至土壤中）	多效唑残留期长，影响下茬作物种子萌发和幼苗生长
4	土壤干旱或肥力不足	植株生长缓慢，地下块茎生长缓慢，植株衰老快，影响马铃薯产量

（2）**常见药害的主要症状**　具体症状如图 3-30 ～图 3-33 显示。

（3）**药害的预防方法**　①掌握好使用技术。多效唑/烯效唑的使用效果和安全性与使用时期、使用浓度、使用方法、使用次数等多种因素有关，使用前应根据自身的使用目的，学习和掌握好使用技术，以免因使用不当而引起异常症状的发生。如控旺时，一般在封垄后使用多效唑 150 ～ 250mg/kg 或烯效唑 50 ～ 80mg/kg 喷施，控旺时不能使用过早、浓度不能过高，否则会出现生长抑制过度、叶片黄化、植株早衰、光合作用降低、匍匐茎短小、薯块生长不良等现象，也不能使用过晚、浓度

图 3-30　植株矮小，叶片皱缩、生长量不足

图 3-31　匍匐茎短小

图 3-32　植株早衰

图 3-33　薯块生长不良

过低，否则控旺效果不佳。②在适宜的环境条件下使用。遇高温会引起或加重异常症状的发生，使用时应根据环境条件对使用技术及配套管理措施进行适当调整，以预防和减轻异常症状的发生。如封垄期遇到高温（超过 25℃），使用时应适当降低使用浓度或待温度降至正常范围后再使用。③掌握好配套的栽培管理技术。栽植密度过大、肥水管理不当都会引起或加重异常症状的发生，只有做好了配套的栽培管理工作，才能尽可能地避免和减轻药害。比如栽植密度，一般根据土壤肥力以及品种因素来确定，如中晚熟品种，密度在 4000 ～ 4500 株 / 亩，微型薯密度在 7500 ～ 8000 株 / 亩为宜。肥水管理上应重视有机肥的使用，一般应使用优质生物有机肥 100 ～ 150kg/ 亩配合适量的腐熟农家肥或土杂肥等，同时应适当控制氮肥，增加磷、钾肥用量，并注意补充钙、镁等中量元素及硼、锌、铁、钼等微量元素。

（4）药害的解救办法　①地上茎叶生长量不足，影响结薯和薯块膨大：可以通过适当推迟使用时期和降低使用浓度来预防和减轻此类症状的发生；已经发生的，可根据植株生长情况选用植物生长调节剂 3% 赤霉酸乳油（顶跃）或 3.6% 苄氨·赤霉酸可溶液剂（妙激），配合含腐植酸水溶肥（络康），或选用含氨基酸水溶肥（稀施美）和植物生长调节剂 0.1% 三十烷醇微乳剂（优丰）进行叶面喷施，同时加强肥水管理，冲施大量元素水溶肥料（施特优）和含腐植酸水溶肥（根莱士）来缓解。

②生长抑制过度、叶片黄化、植株早衰、光合作用降低、匍匐茎短小、薯块生长不良：可以根据植株长势选用适当的使用浓度和使用次数来预防和减轻此类症状的发生；已经发生的，可根据植株生长情况选用植物生长调节剂 3% 赤霉酸乳油（顶跃）或 3.6% 苄氨·赤霉酸可溶液剂（妙激），配合含腐植酸水溶肥（络康），或选用含氨基酸水溶肥（稀施美）和植物生长调节剂 0.1% 三十烷醇微乳剂（优丰）进行叶面喷施，同时加强肥水管理，冲施大量元素水溶肥料（施特优）和含腐植酸水溶肥（根莱士）来缓解；如发生植株早衰的，可使用植物生长调节剂 2% 苄氨基嘌呤可溶液剂（植生源）和大量元素水溶肥料（雨阳水溶肥）来延缓植株衰老。③影响下茬作物种子萌发和幼苗生长：多效唑在土壤中残留时间长，而且在土壤中移动很慢，施药田块在作物收获后，必须经过翻耕，有条件的可以用国光松达生物有机肥、微生物酵素肥料，通过优势菌群，来促进多效唑的降解，减少在土壤中的残留，以减轻对下茬作物的影响。④土壤干旱或肥力不足会引起植株生长缓慢，地下块茎生长缓慢，植株衰老快，影响马铃薯产量：土壤干旱或肥力不足时应避免使用此类产品，以免影响植株生长和产量；已经使用的应及时浇水施肥，可以使用复合肥或大量元素水溶肥料（施特优或松尔肥）和含腐植酸水溶肥（根莱士）来促进植株生长，减轻药剂对植株生长和产量的影响。

四、苹果

（1）**药害发生的原因**　苹果使用多效唑，一般浓度不超过 500mg/kg。浓度过大或使用次数过多时，会出现果形扁、果柄短、果实品质下降，树势衰弱、生长不良的药害症状；在树势衰弱、肥水管理差、高温、干旱等条件不适宜情况下使用，可能在较低浓度下就会发生或加重以上药害症状；如果选用了"以肥代药"或"三无"产品，由于不知道产品的成分及含量，使用时也无法准确地计算使用浓度，也可能会造成以上药害症状的发生（见表 3-14）。

表 3-14　多效唑 / 烯效唑用于苹果发生药害的原因与症状

序号	发生的原因	症状
1	使用浓度过大或次数过多	树势衰弱（图 3-34），枝梢生长不良（图 3-35），果柄短（图 3-36），果形扁（图 3-37），果实品质下降

（2）**常见药害的主要症状**　具体症状如图 3-34～图 3-37 显示。

（3）**药害的预防方法**　①掌握好使用技术。多效唑的使用效果和安全性与使用时期、使用浓度、使用次数等多种因素有关，使用前应根据自身的使用目的，学习和掌握好使用技术，以免因使用不当而引起异常症状的发生。在苹果上多效唑残留期较长，使用安全性较低，尽量避免使用多效唑。②在适宜的环境条件下使用。高

图 3-34 树势衰弱

图 3-35 枝梢生长不良

图 3-36 果柄短

图 3-37 果形扁

温、干旱时会引起或加重异常症状的发生，使用时应根据环境条件对使用技术及配套管理措施进行适当调整，以预防和减轻这些异常症状的发生。如遇高温、干旱时，应适当降低使用浓度或使用其他抑制作用较弱、持效期较短的药剂来延缓新梢生长；如树势较弱禁止使用。③掌握好配套的栽培管理技术。树势衰弱、肥水管理差、树势差异大等都会引起或加重异常症状的发生，只有做好了配套的栽培管理工作，才能尽可能地避免和减轻药害。比如因肥水管理差等导致树势衰弱，应避免使用，此时可以加强肥水管理，待树势恢复后再根据情况确定是否使用。果园树势差异大（一些旺、一些弱），也不利于统一用药，应根据果园树势，灵活调整使用浓度，对于弱树，可少喷或不喷施。

（4）药害的解救办法 ①果柄短：一旦发生，目前无有效的解救方法，应通过适时、适量地使用来预防和减轻。②果形扁：可以通过在盛花末期至幼果期使用植物生长调节剂 2% 苄氨基嘌呤可溶液剂（植生源）、3% 赤霉酸乳油（顶跃）和 0.1%三十烷醇微乳剂（优丰）套餐来缓解。③枝梢生长不良、树势衰弱：可通过使用25-5-15 的复合肥料（松尔肥），配合含氨基酸水溶肥（根宝）或含腐植酸水溶肥（根莱士），结合叶面喷施植物生长调节剂 3% 赤霉酸乳油（顶跃）和含氨基酸水溶肥（稀施美）等措施来缓解。

五、桃、李、杏

（1）药害发生的原因　桃、李、杏使用多效唑/烯效唑时，一般多效唑使用浓度不超过1500mg/kg；烯效唑使用浓度不超500mg/kg。使用时期过早、浓度过大或次数过多、土埋或涂刷用量、浓度过大时，会造成新梢或果实生长停滞、叶片卷曲、枝干流胶、树势变弱、树皮开裂等药害症状；在树势衰弱、肥水管理差、高温、干旱等条件不适宜情况下使用，可能在较低浓度下就会发生或加重以上药害症状；在选择药剂时如果选用了"以肥代药"或"三无"产品，由于不知道产品的成分及含量，使用时也无法准确地计算使用浓度，也可能会造成以上药害症状的发生（见表3-15）。

表3-15　多效唑/烯效唑用于桃、李、杏发生药害的原因与症状

序号	发生的原因	症状
1	喷雾控梢用药时间过早	叶片卷曲（图3-38），新梢生长停滞（图3-39），抑制果实生长（图3-40）
2	喷雾控梢使用浓度过大或次数过多	
3	土埋控梢和涂刷树干用量或浓度过大	叶片卷曲（图3-38），新梢生长停滞（图3-39），抑制果实生长（图3-40），树皮开裂（图3-41），加重流胶（图3-42），树势衰弱（图3-43）

（2）常见药害的主要症状　具体症状如图3-38～图3-43显示。

（3）药害的预防方法　①掌握好使用技术。烯效唑和多效唑的使用效果和安全性与桃、李、杏品种、使用时期、使用浓度、使用方法、使用次数等多种因素有关，使用前应根据自身的使用目的，学习和掌握好使用技术，以免因使用不

图3-38　叶片卷曲

图3-39　新梢生长停滞

图 3-40 抑制果实生长

图 3-41 树皮开裂

图 3-42 加重流胶

图 3-43 树势衰弱

当而引起异常症状的发生。如在控制新梢旺长时，李树在新梢 20 ～ 30cm，桃在新梢 10 ～ 15cm，开始使用多效唑 / 烯效唑进行全株喷雾；使用浓度 500 ～ 1500mg/kg，在控梢时使用时间不能过早、浓度不能过高，否则会出现新梢生长停滞、叶片卷曲、幼果生长受到抑制等现象；在使用土埋或树干涂刷的方式控制新梢旺长时，土埋一般使用 5 ～ 30g/ 株（3 年以上成年大树才使用）；涂刷树干一般可按照（1：1）～（1：5）对水，用刷子涂刷枝干幼嫩部位组织，用量不能过大，否则会出现新梢生长停滞、叶片卷曲、幼果生长受到抑制、削弱树势、树皮开裂、加重流胶等异常现象。②在适宜的环境条件下使用。低温、持续阴雨、高温、土壤黏重或沙性过强等也会引起或加重异常症状的发生，使用时应根据环境条件对使用技术及配套管理措施进行适当调整。如遇持续阴雨天气，应适当增加使用次数和用量，如遇 30℃以上高温，应减少使用次数和用量，以此来预防和减轻这些异常症状的发生。③掌握好配套的栽培管理技术。负载量、有效叶片数量、田间的通风透光程度、肥水管理、病虫害防治等都与异常症状的发生有关，只有做好了配套的栽培管理工作，才能尽可能地避免和减轻药害。比如李树负载量，维持叶果比在（15～30）：1左右，适时疏果，才能提高果实的品质，李果实与果实的间距保持在2～3cm，一般长果枝留取8～10个果实，中果枝留取5～8个果实，短果枝留取3～5个果实，花序状果枝留取1～3个果实；肥水管理上应增加有机肥的使用，一般应使用优质生物有机肥松达500～1000kg/亩，配合适量的腐熟农家肥或土杂肥等，同时应根据品种适当控制氮肥，增加磷、钾肥用量，可使用复合肥或大量元素水溶肥料（松尔肥，或沃克瑞，或施特优）和微量元素水溶肥（壮多）等，并补充钙、镁等中量元素及硼、锌、铁、钼等微量元素。

（4）药害的解救办法 ①新梢叶片卷曲、生长停滞：可以通过适当降低使用浓度、减少使用次数，适当推迟使用时期来预防；已经发生的可通过叶面喷施植物生长调节剂0.1%三十烷醇微乳剂（优丰）或3%赤霉酸乳油（顶跃），配合含氨基酸水溶肥（稀施美），同时加强肥水管理，适当补充复合肥或大量元素水溶肥料（松尔肥或施特优），配合含氨基酸水溶肥（根宝）来促进植株恢复。②果实生长停滞：一旦发生，目前无有效解救方法，可以适当降低使用浓度、减少使用次数，适当推迟使用时期来预防；已经发生的，应及时疏除，同时加强田间管理，注重肥水相结合，适量使用复合肥或大量元素水溶肥料（松尔肥或施特优），配合含氨基酸水溶肥（根宝）或含腐植酸水溶肥（根莱士），来促进正常果实生长。③树皮开裂、流胶：因使用多效唑/烯效唑不当而导致的树皮开裂，可以通过适当降低使用浓度、减少使用次数，适当推迟使用时期来预防；对于已经发生的，应注重树干保护，可以使用"国光松尔膜"涂刷树干，同时加强田间管理，注重肥水相结合，适量使用微量元素水溶肥（壮多），补充微量元素，减轻流胶。

六、太子参

（1）药害发生的原因 太子参用多效唑时，一般浓度不超过300mg/kg，使用次数过多或使用浓度过大时，叶片出现卷曲、畸形、皱缩的药害现象，严重时造成植株生长停滞；如果在高温干旱时使用，可能在较低浓度下就会出现叶片卷曲、畸形、皱缩的药害现象；在肥水管理差、除草剂使用不当、病虫害发生严重等情况下使用，也可能会引起或加重叶片黄化、生长不良、品质下降等药害现象的发生；在选择药剂时如果选用了"以肥代药"或"三无"产品，由于不知道产品的成分及含量，使用时也无法准确地计算使用浓度，也可能会造成以上药害症状的发生（见表3-16）。

表 3-16　多效唑/烯效唑用于太子参发生药害的原因与症状

序号	发生的原因	症状
1	使用时期过早或浓度过大或次数过多或间隔期短	生长停滞（图3-44），叶片卷曲、畸形、皱缩（图3-45）
2	施药时间不恰当（宜早晚温度较低时使用）	叶片黄化、生长不良、品质下降
3	环境条件不适宜（高温、干旱）	生长停滞（图3-44），叶片卷曲、畸形、皱缩（图3-45）
4	栽培管理不当（肥水管理不当、病虫害发生严重）	叶片黄化、生长不良、品质下降
5	除草剂选择不当	叶片卷曲、畸形、皱缩（图3-45），叶片黄化、生长不良、品质下降

（2）常见药害的主要症状　具体症状如图 3-44、图 3-45 显示。

图 3-44　生长停滞　　　　　　图 3-45　叶片卷曲、畸形、皱缩

（3）药害的预防方法　①掌握好使用技术。多效唑/烯效唑的使用效果和安全性与太子参品种、使用时期、使用浓度、使用方法、使用次数等多种因素有关，使用前应根据自身的使用目的，学习和掌握好使用技术，以免因使用不当而引起异常症状的发生。如控旺时，一般在太子参株高 10～15cm 时使用多效唑 150～250mg/kg 叶面喷施，控旺时不能使用过早、次数不能过多、浓度不能过高、间隔期不能过短，否则会出现生长停滞，叶片出现卷曲、畸形、皱缩等现象，也不能使用过晚、浓度过低，否则会出现控旺效果不佳，太子参产量低等异常现象。②在适宜的环境条件下使用。高温、干旱等不良环境条件也会引起或加重异

常症状的发生，使用时应根据环境条件对使用技术及配套管理措施进行适当调整，以预防和减轻这些异常症状的发生。如遇持续高温干旱天气，温度在18℃以下时，一般会适当增加多效唑的使用浓度，在16～28℃之间时，按正常浓度使用，高于28℃时，适当降低多效唑使用浓度或待温度降至正常范围后再使用。③掌握好配套的栽培管理技术。肥水管理、叶片的通风透光程度、田间杂草防除、病虫害防治等都与异常症状的发生有关，只有做好了配套的栽培管理工作，才能尽可能地避免和减轻药害。比如肥水管理，一般根据当地气候条件和生长势来确定，如果当地出现持续高温干旱天气，生长势较弱，田间要及时浇水，一般浇水到田间持水量50%～60%为宜。浇水与施肥同步进行。肥水管理上应增加有机肥的使用，一般应使用优质生物有机肥100～200kg/亩配合适量的腐熟农家肥等，同时应根据品种适当控制氮肥，增加磷、钾肥用量，并注意补充钙、镁等中量元素及硼、锌、铁、钼等微量元素，建议施用高钾复合肥25～50kg/亩。④合理选择除草剂。不同成分除草剂的作用机理和杀草谱不同，相同成分除草剂的不同剂型对太子参的安全性也有差异。因此，选择除草剂时，需要根据实际情况合理选择，以预防和减轻这些异常症状的发生。如遇使用除草剂后表现出异常症状，一般应使用国光"植优美"套餐叶面喷施1～2次进行缓解。

（4）药害的预防方法　①叶片卷曲、畸形、皱缩：一旦发生，目前还没有有效的解救办法，应通过适时、适量地使用来预防和减轻这些副作用的产生。②生长停滞：可连续喷施含植物生长调节剂2%苄氨基嘌呤可溶液剂（植生源）、0.1%三十烷醇微乳剂（优丰）和氨基酸微量元素水溶肥（稀施美）的"植优美"套餐，加强肥水管理，适量使用复合肥料（松尔肥），配合含腐植酸水溶肥（根莱士）来缓解。③叶片黄化、生长不良：应在早晚温度较低时用药，症状轻微时可通过适当增施复合肥料（松尔肥）和国光松达生物有机肥，叶面喷施微量元素水溶肥（络微）和植物生长调节剂0.1%三十烷醇微乳剂（优丰），维持适宜的土壤水分等措施来缓解；症状严重时，不易恢复。

七、金丝皇菊

（1）药害发生的原因　金丝皇菊使用多效唑，一般浓度不超过200mg/kg。使用浓度过大或次数过多时，会出现植株过度矮化、节间过短，叶片过厚且皱缩等现象；使用时期不当，会影响花蕾生长，花蕾小；植株衰弱、肥水管理差、高温、干旱等，也会引起或加重以上现象的发生；在选择药剂时如果选用了"以肥代药"或"三无"产品，由于不知道产品的成分及含量，使用时也无法准确地计算使用浓度，也可能会造成以下药害症状的发生（见表3-17）。

表 3-17 多效唑／烯效唑用于金丝皇菊发生药害的原因与症状

序号	发生的原因	症状
1	使用浓度过大或次数过多	植株过度矮化、节间过短（图3-46）；叶片过厚且皱缩（图3-47）
2	使用时期不当	影响花蕾生长，花蕾小（图3-48）
3	环境条件不适宜（干旱）	植株过度矮化、节间过短（图3-46）；叶片过厚且皱缩（图3-47）
4	栽培管理不当（长势衰弱、肥水管理不当）	影响花蕾生长，花蕾小（图3-48）

（2）常见药害的主要症状 具体症状如图 3-46 ～图 3-48 显示。

（3）药害的预防方法 ①掌握好使用技术。多效唑和烯效唑的使用效果和安全性与金丝皇菊品种、使用时期、使用浓度、使用方法、使用次数等多种因素有关，使用前应根据自身的使用目的，学习和掌握好使用技术，以免因使用不当而引起异常症状的发生。如金丝皇菊控旺在分枝期，使用多效唑 100 ～ 200mg/kg 叶面喷施

（a）正常节间　　　　　　　　　　　　（b）植株过度矮化、节间过短

图 3-46 金丝皇菊正常节间与发生药害节间对比图

（a）正常叶片　　　　　　　　　　　　（b）叶片过厚且皱缩

图 3-47 金丝皇菊正常叶片与发生药害叶片对比图

　植物生长调节剂常见药害症状及解决方案

（a）正常花蕾　　　　　　　　　（b）影响花蕾生长，花蕾小

图3-48　金丝皇菊正常花蕾与发生药害花蕾对比图

2～3次，每次间隔15～30天。如使用浓度过大，使用次数过多，容易出现过度矮化、节间过短、叶片过厚且皱缩等症状。金丝皇菊控旺使用多效唑应在花芽分化初期（8月初）前15天左右停止用药，否则容易抑制金丝皇菊花蕾生长，出现花蕾小、产量降低等现象。②在适宜的环境条件下使用。持续干旱也会引起或加重异常症状的发生，使用时应根据环境条件对使用技术及配套管理措施进行适当调整，以预防和减轻这些异常症状的发生。如持续干旱少雨条件，应根据植株长势情况不用或适当降低使用浓度或气候恢复正常、植株生长正常后再使用。③掌握好配套的栽培管理技术。如长势弱、营养不足等都会引起或加重异常症状的发生，只有做好了配套的栽培管理工作，才能尽可能地避免和减轻药害。比如长势弱、营养不足的菊花苗使用多效唑/烯效唑后，容易出现过度矮化、节间过短、叶片过厚且皱缩、蕾小蕾弱等症状，应避免在这种弱苗、营养不足的菊花上使用。

（4）药害的解救办法　①菊花叶片皱缩严重：一旦发生，目前无有效的解救方法，只能通过降低使用浓度、减少使用次数来预防。②菊花矮化严重，节间过短：症状轻微的，可以适当增施复合肥料（松尔肥），补充营养，促进菊花生长；叶面配合喷施含植物生长调节剂2%苄氨基嘌呤可溶液剂（植生源）、0.1%三十烷醇微乳剂（优丰）和含氨基酸水溶肥（稀施美）的套餐来改善；症状严重的，不易恢复。③影响花蕾生长，花蕾小：可以通过加强肥水管理，适量使用复合肥或大量元素水溶肥料（松尔肥或施特优），配合含氨基酸水溶肥（根宝）或含腐植酸水溶肥（根莱士），叶面喷施含植物生长调节剂2%苄氨基嘌呤可溶液剂（植生源）、0.1%三十烷醇微乳剂（优丰）和含氨基酸水溶肥（稀施美）的套餐，增强光合效率，补充营养，来促进花蕾生长。

八、花椒

（1）药害发生的原因　花椒使用多效唑一般不超过150mg/kg，烯效唑一般不超过250mg/kg。浓度过大或使用时期过早时，生长受抑制，易发侧枝，叶片浓绿卷曲，叶片易老化，花芽小，不易萌发；如果使用次数过多，花序短缩，果穗短缩，枝条软化、短小，叶片偏小，枝条生长异常，后期落果严重；如果在高温干旱时使用，可引起叶片卷曲灼伤现象；在树势衰弱、肥水管理差、高温、干旱等条件不适宜情况下使用，可能在较低浓度下就会发生或加重以上药害症状；在选择药剂时如果选用了"以肥代药"或"三无"产品，由于不知道产品的成分及含量，使用时也无法准确地计算使用浓度，也可能会造成以上药害症状的发生（见表3-18）。

表3-18　多效唑/烯效唑用于花椒发生药害的原因与症状

序号	发生的原因	症状
1	使用时期过早	枝条软化、短小，叶片偏小（图3-49）
2	使用浓度过大	生长受抑制，易发侧枝（图3-50），叶片浓绿卷曲（图3-51），花芽小、叶片易老化（图3-52）
3	使用次数过多	花序短缩（图3-53），果穗短缩（图3-54），枝条软化、短小，叶片偏小（图3-49），枝条生长异常（图3-55），后期落果严重
4	环境条件不适宜（高温、干旱）	花芽萌发困难（图3-56），枝条软化、短小，叶片偏小（图3-49），花芽小、叶片易老化（图3-52）
5	栽培管理不当（肥水管理不当、病虫害、修剪问题）	生长受抑制，易发侧枝（图3-50），花芽小、叶片易老化（图3-52），枝条软化、短小，叶片偏小（图3-49）

（2）常见药害的主要症状　具体症状如图3-49～图3-56显示。

（3）药害的预防方法　①掌握好使用技术。多效唑和烯效唑的使用效果和安全性与花椒品种、使用时期、使用浓度、使用方法、使用次数、使用环境等多种因素有关，使用前应根据自身的使用目的，学习和掌握好使用技术，以免因使用不当而引起异常症状的发生。如控旺时，在青花椒大枝修剪后，新梢长度达到30～40cm使用烯效唑80～100mg/kg叶面均匀喷雾，秋梢达到60～80cm使用烯效唑

图3-49　枝条软化、短小，叶片偏小

图3-50　生长受抑制，易发侧枝

图 3-51　叶片浓绿卷曲

图 3-52　花芽小、叶片易老化

图 3-53　花序短缩

图 3-54　果穗短缩

图 3-55　枝条生长异常

图 3-56　花芽萌发困难

100 ～ 150mg/kg 叶面均匀喷雾，秋梢达到 90 ～ 110cm 使用烯效唑 150 ～ 200mg/kg 叶面均匀喷雾，秋梢达到 120 ～ 140cm 使用烯效唑 150 ～ 250mg/kg 叶面均匀喷雾。如果使用时间偏晚或浓度偏低会导致控旺效果差，节间距过长，后期花芽分化差；使用浓度过高或过早会引起新梢生长受阻，枝条短小，后期花序短小等不良现象。②在适宜的环境条件下使用。高温、土壤肥力条件、土壤湿度等也与异常症状的发生有关，使用时应根据环境条件对使用技术及配套管理措施进行适当调整，以预防和减轻这些异常症状的发生。如控旺前期遇连续 7 天以上 35℃高温，枝条生长速度降低、叶片变小、叶色加深、木质化速度加快，此时需要适当降低烯效唑的使用浓度或待新梢正常生长后用药，控旺后期如遇连续的阴雨天气及低温，一般会适当增加烯效唑的使用浓度。③掌握好配套的栽培管理技术。大枝修剪方式、枝条着生数量、田间的通风透光程度、肥水状况、病虫害等都与异常症状的发生有关，只有做好了配套的栽培管理工作，才能尽可能地降低风险。如在进行大枝修剪时留枝过多、留枝过长，会导致新发嫩梢过多、短小、叶片偏小，后期出现枝条软化下垂，叶片提前黄化脱落，第二年花序短小，后期坐果率低等问题。因此，在进行大枝修剪时一般留枝长度应为 5～20cm，留枝数量一般按主杆粗度（cm）和枝条数量的比例为 1∶（10～40）之间确定。

（4）药害的解救办法 ①叶片老化：一旦发生，目前无有效的解救方法，应通过适时、适量地使用来预防和减轻。②花芽萌发困难：症状轻微时，可使用含植物生长调节剂 2% 苄氨基嘌呤可溶液剂（植生源）、0.1% 三十烷醇微乳剂（优丰）和含氨基酸水溶肥（稀施美）的套餐，或者植物生长调节剂 3.6% 苄氨·赤霉酸可溶液剂（果动力）和含氨基酸水溶肥（稀施美），并结合施用高氮型复合肥（松尔肥），适当灌水来缓解；症状严重时，不易恢复。③叶片浓绿卷曲、枝条软化、枝条生长异常：可以加强肥水管理，适时适量地增施复合肥或大量元素水溶肥料（松尔肥或施特优），叶面及时喷施含植物生长调节剂 2% 苄氨基嘌呤可溶液剂（植生源）、0.1% 三十烷醇微乳剂（优丰）和含氨基酸水溶肥（稀施美）的套餐等措施来缓解。④生长受抑制，易发侧枝：轻微发生时可用含植物生长调节剂 2% 苄氨基嘌呤可溶液剂（植生源）、0.1% 三十烷醇微乳剂（优丰）和含氨基酸水溶肥（稀施美）的套餐来缓解；症状严重时不易恢复。⑤花序短缩、果穗短缩：轻微发生时可用含植物生长调节剂 2% 苄氨基嘌呤可溶液剂（植生源）、0.1% 三十烷醇微乳剂（优丰）和含氨基酸水溶肥（稀施美）的套餐，并结合施用高氮型复合肥（松尔肥），适当灌水来缓解；症状严重时，不易恢复。

九、芒果

（1）药害发生的原因　芒果使用多效唑或烯效唑时，叶面喷雾一般使用浓度不超过 300mg/kg，土埋一般使用浓度不超过 100g/株。浓度过大或使用次数过多时，会出现新叶皱缩、团花、坐果困难、树势衰弱等药害症状，如土埋多效唑过量会导致新梢节间缩短、抽梢困难、树势衰弱、花期出现团花、坐果困难的现象；在抽梢蘖数不足、有效叶片不足、树势衰弱、肥水管理差、低温、持续阴雨、高温、干旱、土壤沙性过强或偏瘦重等情况下使用，可能在较低浓度下就会发生或加重以上药害症状；在选择药剂时如果选用了"以肥代药"或"三无"产品，由于不知道产品的成分及含量，使用时也无法准确地计算使用浓度，也可能会造成以上药害症状的发生（见表3-19）。

表3-19　多效唑/烯效唑用于芒果发生药害的原因与症状

序号	发生的原因	症状
1	控梢时土埋过量	新梢节间缩短（图3-57），新梢抽发困难（图3-58），树势衰弱（图3-59），坐果困难（图3-60），团花（图3-61）
2	叶面控梢时使用浓度过大或次数过多	叶片皱缩（图3-62），坐果困难（图3-60），团花（图3-61）

（2）常见药害的主要症状　具体症状如图3-57～图3-62显示。

（3）药害的预防方法　①掌握好使用技术。多效唑的使用效果和安全性与芒果品种、使用时期、使用浓度、使用方法、使用次数等多种因素有关，使用前应根据自身的使用目的，学习和掌握好使用技术，以免因使用不当而引起异常症状的发生。如叶面控梢前期（第二蓬梢刚转绿），多效唑使用200～300mg/kg处理新梢，控梢时不能使用过早、浓度不能过高，否则会出现新叶卷曲、畸形等现象，也不能

图3-57　新梢节间缩短

使用过晚、浓度过低，否则会出现抽梢现象；叶面控梢后期（花芽分化前一个月），多效唑使用150～200mg/kg处理，控梢后期浓度不能过高，否则会出现花芽抽发困难、团花等现象，也不能使用浓度过低，否则会出现抽梢现象。②在适宜的环境

图3-58　新梢抽发困难

图3-59　树势衰弱

图 3-60　坐果困难

图 3-61　团花

条件下使用。低温、持续阴雨、高温、土壤黏重或沙性过强等也会引起或加重异常症状的发生，使用时应根据环境条件对使用技术及配套管理措施进行适当调整，以预防和减轻这些异常症状的发生。如土壤黏性大、土埋多效唑过高会导致多效唑残留期长，叶面出现控梢过度、缩叶、团花等异常现象。

（4）药害的解救办法　①新梢节间缩短、新梢抽发困难、树势衰弱：应根据树势、品种等灵活调整土埋剂量来预防；症状轻微的，可于枝梢抽发期，叶面喷施植物生长调节剂 3% 赤霉酸乳油（顶跃或赤美）和 0.1% 三十烷醇微乳剂（优丰），配合含腐植酸水溶肥（络康）进行促梢，并施用复合肥或大量元素水溶肥料（松尔肥，或沃克瑞，或施它，或施特优），配合含氨基酸水溶肥（根宝）或含腐植酸水溶肥（根莱士）来促进植株恢复生长，促发新梢；症状严重的（树冠面积小，树势衰弱），应

图 3-62　叶片皱缩

停止土埋多效唑 1～2 年，于枝梢抽发期，叶面喷施植物生长调节剂 3% 赤霉酸乳油（顶跃或赤美）和 0.1% 三十烷醇微乳剂（优丰），配合含腐植酸水溶肥（络康）促梢，并施用复合或大量元素水溶肥料（松尔肥，或沃克瑞，或施它，或施特优），配合含氨基酸水溶肥（根宝）或含腐植酸水溶肥（根莱士）来促进植株恢复生长，促发新梢。②团花、坐果困难：主花序长至 3～5cm，发现有团花趋势时，使用植物生长调节剂 3.6% 苄氨·赤霉酸可溶液剂（优乐果或果动力），配合含腐植酸水溶肥（络康）拉长花序，促进正常开花坐果；于谢花 80% 左右时，及时喷施植物生长调节剂 0.1% 氯吡脲可溶液剂（果盼或高恋）、3.6% 苄氨·赤霉酸可溶液剂（优乐果）和 3% 赤霉酸乳油（顶跃或赤美），加强肥水管理，增强树势，提高坐果率。

十、荔枝

（1）药害发生的原因　荔枝在使用多效唑时，一般使用浓度不超过 500mg/kg。浓度过大时，会出现花芽萌动困难、花穗短、团花、新梢短缩等现象；如果在树势衰弱、低温、干旱等条件不适宜情况下使用，可能在较低浓度下就会发生或加重以上药害症状；在选择药剂时如果选用了"以肥代药"或"三无"产品，由于不知道产品的成分及含量，使用时也无法准确地计算使用浓度，也可能会造成以上药害症状的发生（见表 3-20）。

表 3-20　多效唑/烯效唑用于荔枝发生药害的原因与症状

序号	发生的原因	症状
1	控梢时使用浓度过大或次数过多	新梢短缩（图3-63），花芽萌动困难（图3-64），团花（图3-65）

（2）常见药害的主要症状　具体症状如图 3-63～图 3-65 显示。

（3）药害的预防方法　①掌握好使用技术。多效唑/烯效唑的使用效果和安全性与荔枝品种、使用时期、使用浓度、使用方法、使用次数、温度、水分等多种因素有关，使用前应根据自身的使用目的，学习和掌握好使用技术，以免因使用不当而引起药害发生。如控梢促花时，一般在末次梢老熟后，使用 150～500mg/kg 进行叶面喷施，使用浓度不能过高、次数不能过多，否则会出现花芽萌动较难、团花、新梢短缩等现象，也不能使用浓度过低，否则会出现冬梢抽发的现象。②在适宜

图 3-63　新梢短缩

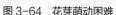

图3-64　花芽萌动困难　　　　　　　图3-65　团花

的环境条件下使用。在低温的天气使用，会引起或加重药害的发生，使用时应根据环境条件对使用技术及配套管理措施进行适当调整，以预防和减轻药害的发生。一般温度在 25～28℃时，按正常浓度使用，温度在 28～35℃时，可适当增加使用浓度，低于 25℃，可适当降低使用浓度。另外，雨水多时可适当提高使用浓度，少雨干旱时，则应降低使用浓度甚至不用。

（4）药害的解救办法　①新梢短缩：应根据品种、树势等灵活调整使用浓度和使用次数来预防；症状轻微的，于枝梢抽发期，叶面喷施含腐植酸水溶肥（络康）和植物生长调节剂 0.1% 三十烷醇微乳剂（优丰）进行促梢，并施用复合肥或大量元素水溶肥料（施特优或松尔肥），配合含腐植酸水溶肥（根莱士）来促进植株恢复生长，促发新梢；症状严重的，应停用多效唑 1～2 年，于枝梢抽发期，叶面喷施含腐植酸水溶肥（络康）和植物生长调节剂 0.1% 三十烷醇微乳剂（优丰）促梢，并施用复合肥或大量元素水溶肥料（施特优或松尔肥），配合含腐植酸水溶肥（根莱士）来促进植株恢复生长，促发新梢。②花芽萌动困难：应根据品种、树势等灵活调整使用浓度和使用次数来预防；发现花芽萌动困难的，可及时喷施含植物生长调节剂 2% 苄氨基嘌呤可溶液剂（植生源）、0.1% 三十烷醇微乳剂（优丰）和含氨基酸水溶肥（稀施美）的套餐，结合灌水、修剪整枝等来打破休眠、促进花芽萌发。③团花：主花序长至 3～5cm，发现有团花趋势时，使用植物生长调节剂 3.6% 苄氨·赤霉酸可溶液剂（优乐果或果动力），配合含腐植酸水溶肥（络康）拉长花序，促进正常开花坐果。

第四节

甲哌鎓 / 多唑·甲哌鎓

一、油菜

（1）药害发生的原因　油菜使用多唑·甲哌鎓，一般不超过 166.7mg/kg，浓度过大或使用次数过多时，会出现矮小缩莬、叶片畸形内卷、心叶皱缩等药害症状，在苗势衰弱、肥水管理差、高温、干旱等条件不适宜情况下使用，可能在较低浓度下就会发生或加重以上药害症状；在选择药剂时如果选用了"以肥代药"或"三无"产品，由于不知道产品的成分及含量，使用时也无法准确地计算使用浓度，也可能会造成以上药害症状的发生（见表3-21）。

表3-21　甲哌鎓/多唑·甲哌鎓用于油菜发生药害的原因与症状

序号	发生的原因	症状
1	使用浓度过大或使用次数过多	植株矮小缩苑、叶片畸形内卷、心叶皱缩（图3-66），影响后期油菜抽薹、开花及角果发育

（2）常见药害的主要症状　具体症状如图3-66显示。

图3-66　油菜植株矮小、叶片畸形内卷、心叶皱缩

（3）药害的预防方法　掌握好使用技术。多效唑·甲哌鎓用于油菜控旺的使用效果和安全性与使用时期、使用浓度、使用方法、使用次数、使用品种等多种因素有关，使用前应学习和掌握好使用技术，以免因使用不当而引起异常症状的发生。如使用国光矮丰（10%多效唑·甲哌鎓）用于油菜控旺，一般在油菜3叶1心期至抽薹初期使用25g对水15kg进行全株均匀喷雾一次，浓度过高或使用次数过多容易出现植株矮小、叶片畸形内卷、心叶皱缩，影响后期油菜抽薹、开花

及角果发育等。

（4）药害的解救办法　对于异常症状较轻微的，建议及时适量追施复合肥料（松尔肥），配合含氨基酸水溶肥（根宝）或含腐植酸水溶肥（根莱士），促进油菜根系生长、复壮植株，缓解和减轻异常症状；对于异常症状严重的，除及时适量追施复合肥料（松尔肥），配合含氨基酸水溶肥（根宝）或含腐植酸水溶肥（根莱士）以外，还应根据油菜植株生长状况合理使用植物生长调节剂3.6%苄氨·赤霉酸可溶液剂（妙激），或3%赤霉酸乳油（顶跃），或20%赤霉酸可溶粉剂（施奇），配合含氨基酸水溶肥（稀施美）进行叶面喷雾缓解，促进油菜植株恢复生长（图3-67）。

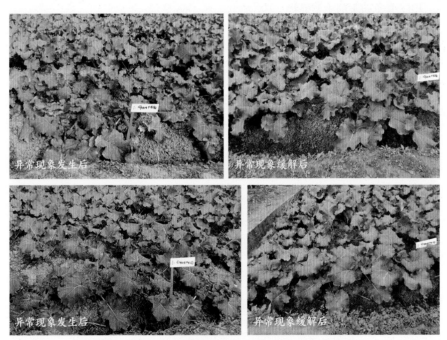

图3-67　多效唑·甲哌鎓抑制生长过度的油菜，解救后恢复生长

二、杨梅

（1）药害发生的原因　杨梅对含甲哌鎓成分的药剂很敏感，在较低浓度下就会发生灼伤叶片等药害症状，因此，应避免含甲哌鎓的药剂在杨梅上使用；如果选用了"以肥代药"或"三无"产品，由于不知道产品的成分及含量，使用时也无法准确地计算使用浓度，也可能会造成以上药害症状的发生（见表3-22）。

表 3-22　甲哌鎓/多唑·甲哌鎓用于杨梅发生药害的原因与症状

序号	发生的原因	症状
1	使用药剂不当（含甲哌鎓成分的药剂）	灼伤叶片（图3-68）

（2）常见药害的主要症状　具体症状如图 3-68 显示。

（3）药害的预防方法　杨梅上应避免施用甲哌鎓和含甲哌鎓成分的产品。

（4）药害的解救办法　①灼伤叶片：一旦发生，目前无有效的解救方法。不建议含甲哌鎓成分的药剂在杨梅上使用。②灼伤叶片症状轻微时：通过加强营养管理，叶面喷施植物生长调节剂 0.1% 三十烷醇微乳剂（优丰）和含氨基酸水溶肥（稀施

图 3-68　叶片灼伤

美），适当增施国光松达有机肥，根施复合肥或大量元素水溶肥料（松尔肥，或施特优，或雨阳水溶肥），配合含腐植酸水溶肥（根莱士），增强树势，促进恢复；症状严重时，不易恢复，可通过合理修剪，将叶片灼伤的枝梢进行疏剪或短截，培养健壮新梢。

第五节

抗倒酯

狗牙根

（1）药害发生的原因　狗牙根草坪使用抗倒酯浓度超过 200mg/kg 时，会出现不均匀矮化的症状，主要表现为草坪出现局部枯斑，而且用药后的草坪出现叶尖干枯、黄化；在长势衰弱、肥水管理差、高温、干旱等条件不适宜情况下使用，可能在较低浓度下就会发生或加重以上药害症状；在选择药剂时如果选用了"以肥代药"或"三无"产品，由于不知道产品的成分及含量，使用时也无法准确地计算使用浓度，也可能会造成以上药害症状的发生（见表 3-23）。

表 3-23　抗倒酯用于狗牙根发生药害的原因与症状

序号	发生的原因	症状
1	春季返青期使用浓度过高	矮化不均匀、叶尖干枯、局部枯斑（图3-69、图3-70）

（2）常见药害的主要症状 具体症状如图 3-69、图 3-70 显示。

图 3-69 矮化不均匀、叶尖干枯、局部枯斑（一）

图 3-70 矮化不均匀、叶尖干枯、局部枯斑（二）

（3）药害的预防方法 狗牙根草坪对抗倒酯较敏感，目前无成熟的使用技术，应尽量避免使用。如有控旺、矮化需求，建议使用矮秀（效果见图 3-71）。

图 3-71 矮秀的矮化效果（无药害）

（4）**药害的解救方法**　抗倒酯发生药害后，先对草坪进行修剪，再使用植物生长调节剂3%赤霉酸乳油（顶跃）和大量元素水溶肥（莱绿士），对草坪长势进行恢复，用药7～15天后草坪长势恢复，色泽复绿。

第六节

S-诱抗素

一、西瓜/甜瓜（哈密瓜）

（1）**药害发生的原因**　西瓜/甜瓜（哈密瓜）使用S-诱抗素时，一般浓度不超过7mg/kg。使用时期过早（真叶未展开时使用），会出现新叶黄化、顶芽生长停滞的药害现象；苗期使用浓度过大或次数过多时，会加剧新叶黄化、顶芽生长停滞现象；使用时期过晚（冻害发生后使用），会出现叶片黄化或脱落现象；着色期使用浓度过大或次数过多，会使果实提前成熟（西瓜体积和重量还未达成熟瓜标准时），影响品质和产量；在肥水搭配不合理、杂草过多、病虫害发生严重、环境条件不适宜等情况下使用，可能在较低浓度下就会发生或加重以上药害症状；如果选用了"以肥代药"或"三无"产品，由于不知道产品的成分及含量，使用时也无法准确地计算使用浓度，也可能会造成以上药害症状的发生（见表3-24）。

表3-24　S-诱抗素用于西瓜/甜瓜（哈密瓜）发生药害的原因与症状

序号	发生的原因	症状
1	使用时期过早（真叶未展开时使用）	新叶黄化（图3-72），顶芽生长停滞（图3-73）
2	苗期使用浓度过大或次数过多	
3	使用时期过晚（冻害发生后使用）	叶片黄化或脱落
4	着色期使用浓度过大或次数过多	提前成熟（西瓜体积和重量还未达成熟瓜标准时），影响品质和产量

（2）**常见药害的主要症状**　具体症状如图3-72、图3-73显示。

（3）**药害的预防方法**　①掌握好使用技术。S-诱抗素的使用效果和安全性与西瓜/甜瓜（哈密瓜）品种、使用时期、使用浓度、使用方法、使用次数等多种因素有关，使用前应根据自身的使用目的，学习和掌握好使用技术，以免因使用不当而引起异常症状的发生。如在增强瓜苗抗逆性时，一般在异常气候来临前2～3天使用2～3.33mg/kg全株喷施，生育时期不能过早、浓度不能过高，否则会出现叶片黄化、顶芽生长停滞；也不能使用过晚、浓度过低，否则抗性增强效果不明显。②

图 3-72 新叶黄化

图 3-73 顶芽生长停滞

在适宜的环境条件下使用。低温、持续阴雨、高温、土壤黏重或沙性过强等也会引起或加重异常症状的发生，使用时应根据环境条件对使用技术及配套管理措施进行适当调整，以预防和减轻这些异常症状的发生。如生长期遇持续低温、阴雨天气，温度在 18℃以下时，一般不宜使用，在 18 ～ 30℃之间时，按正常浓度使用，高于30℃时，适当降低使用浓度或待温度降至正常范围后再使用。③掌握好配套的栽培管理技术。如肥水管理、病虫害防治等都与异常症状的发生有关，只有做好了配套的栽培管理工作，才能尽可能地避免和减轻药害。如肥水管理，应增加有机肥的使用，一般应使用优质生物有机肥 100 ～ 200kg/ 亩配合适量的腐熟农家肥或土杂肥等，同时应根据品种适当控制氮肥，增加磷、钾肥用量，并注意补充钙、镁等中量元素及硼、锌、铁、钼等微量元素。

（4）药害的解救办法　①新叶黄化、顶芽生长停滞：应通过适时、适量地使用药剂来预防和减轻。症状轻微的，可通过及时施入适量复合肥或大量元素水溶肥料（施它，或施特优，或沃克瑞）和含腐植酸水溶肥（根莱士），叶面喷施植物生长调节剂 0.1% 三十烷醇微乳剂（优丰），或 8% 胺鲜酯可溶粉剂（天都），或 8% 胺鲜酯水剂（施果乐），或 0.01% 24- 表芸苔素内酯可溶液剂，配合含氨基酸水溶肥（稀施美）或含腐植酸水溶肥（络康）等来缓解；症状严重的，不易恢复。②叶片黄化、脱落：一旦发生，目前无有效的解救方法；应通过适时、适量地使用，避免在冻害发生后用药来预防。③提前成熟，影响品质和产量：应通过适时、适量地使用药剂来预防；发现及时、症状轻微的，可通过加强肥水管理，适当增施磷、钾肥，适时、适量地施入含腐植酸水溶肥（根莱士），和复合肥或大量元素水溶肥料（施它，或施特优，或沃克瑞，或雨阳水溶肥），叶面喷施植物生长调节剂 0.1% 三十烷醇微乳剂（优丰），或 8% 胺鲜酯可溶粉剂（天都），或 8% 胺鲜酯水剂（施果乐），或 0.01% 24-表芸苔素内酯可溶液剂，配合大量元素水溶肥料（雨阳水溶肥或冠顶）或磷酸二氢钾（国光甲）等来减轻；症状严重的，应及时疏除。

二、辣椒

（1）药害发生的原因　辣椒使用 S-诱抗素时，一般使用浓度不超过 6.6mg/kg。使用时期过早（真叶未展开时使用）或苗期使用浓度过大、次数过多时，均会出现新叶黄化、顶芽生长停滞现象；预防低温冷冻害时，使用时期过晚（冻害发生后使用），会出现叶片黄化或脱落现象；着色期使用浓度过大或次数过多或高温期使用，会出现叶片黄化、脱落、果实脱落现象；在肥水搭配不合理、杂草过多、病虫害发生严重、环境条件不适宜等情况下使用，可能在较低浓度下就会发生或加重以上药害症状；在选择药剂时如果选用了"以肥代药"或"三无"产品，由于不知道产品的成分及含量，使用时也无法准确地计算使用浓度，也可能会造成以上药害症状的发生（见表 3-25）。

表 3-25　S-诱抗素用于辣椒发生药害的原因与症状

序号	发生的原因	症状
1	使用时期过早（真叶未展开时使用）	新叶黄化，顶芽生长停滞
2	苗期使用浓度过大或次数过多	
3	使用时期过晚（冻害发生后使用）	叶片黄化或脱落
4	着色期使用浓度过大或次数过多或高温期使用	叶片黄化（图3-74），叶片脱落（图3-75、图3-76），果实脱落（图3-77）

（2）常见药害的主要症状　具体症状如图 3-74 ～图 3-77 显示。

（3）药害的预防方法　①掌握好使用技术。S-诱抗素的使用效果和安全性与辣椒品种、使用时期、使用浓度、使用方法、使用次数等多种因素有关，使用前应根据自身的使用目的，学习和掌握好使用技术，以免因使用不当而引起异常症状的发生。如在增强辣椒苗抗逆性时，一般在异常气候来临前 2 ～ 3 天使用 2 ～ 3.33mg/kg全株喷施，生育时期不能过早、浓度不能过高，否则会出现叶片黄化、顶芽生长停滞；也不能使用过晚、浓度过低，否则抗性增强效果不明显。②在适宜的环境条件

图3-74　叶片黄化

图3-75　叶片脱落

图3-76　叶片黄化、脱落

图3-77　果实脱落

下使用。低温、持续阴雨、高温、土壤黏重或沙性过强等也会引起或加重异常症状的发生，使用时应根据环境条件对使用技术及配套管理措施进行适当调整，以预防和减轻这些异常症状的发生。如生长期遇极低温、持续阴雨天气，温度在18℃以下时，一般不宜使用，在18～30℃之间时，按正常浓度使用，高于30℃时，适当降低使用浓度或待温度降至正常范围后再使用。③掌握好配套的栽培管理技术。如肥水管理、病虫害防治等都与异常症状的发生有关，只有做好了配套的栽培管理工作，才能尽可能地避免和减轻药害。如肥水管理，应增加有机肥的使用，一般应使用优质生物有机肥100～200kg/亩配合适量的腐熟农家肥或土杂肥等，同时应根据品种适当控制氮肥，增加磷、钾肥用量，并注意补充钙、镁等中量元素及硼、锌、铁、钼等微量元素。

（4）药害的解救办法　①新叶黄化、顶芽生长停滞：应通过适时、适量地使用药剂来预防和减轻。症状轻微的，可通过及时施入适量含腐植酸水溶肥（根莱士）和复合肥或大量元素水溶肥料（施它，或施特优，或沃克瑞），叶面喷施植物生长调节剂0.1%三十烷醇微乳剂（优丰），或8%胺鲜酯可溶粉剂（天都），或8%胺鲜酯水剂（施果乐），或0.01% 24-表芸苔素内酯可溶液剂，配合含氨基酸水溶肥（稀施美）或含腐植酸水溶肥（络康）等来缓解；症状严重的，不易恢复。②叶片黄化、脱落；一旦发生，目前无有效的解救方法；应通过适时、适量地使用，避免在冻害发生后用药来预防。③提前成熟，影响品质和产量：应通过适时、适量地使用药剂来预防；发现及时、症状轻微的，可通过加强肥水管理，适当增施磷、钾肥，适时、适量地施入含腐植酸水溶肥（根莱士）和复合肥或大量元素水溶肥料（施它，或施特优，或沃克瑞，或雨阳水溶肥），叶面喷施植物生长调节剂 0.1% 三十烷醇微乳剂（优丰），或 8% 胺鲜酯可溶粉剂（天都），或 8% 胺鲜酯水剂（施果乐），或 0.01% 24-表芸苔素内酯可溶液剂，配合大量元素水溶肥料（雨阳水溶肥或冠顶）或磷酸二氢钾（国光甲）等来减轻；症状严重的，应及时疏除。

三、番茄

（1）**药害发生的原因**　番茄使用 S-诱抗素时，一般使用浓度不超过 6.6mg/kg。使用时期过早（真叶未展开时使用）或苗期使用浓度过大、次数过多时，均会出现新叶黄化、顶芽生长停滞的现象；预防低温冷冻害时，使用时期过晚（冻害发生后使用），会出现叶片黄化或脱落现象；着色期使用浓度过大或次数过多或高温期使用，会出现叶片黄化、脱落、果实脱落现象；在肥水搭配不合理、杂草过多、病虫害发生严重、环境条件不适宜等情况下使用，可能在较低浓度下就会发生或加重以上药害症状；在选择药剂时如果选用了"以肥代药"或"三无"产品，由于不知道产品的成分及含量，使用时也无法准确地计算使用浓度，也可能会造成以上药害症状的发生（见表 3-26）。

表 3-26　S- 诱抗素用于番茄发生药害的原因与症状

序号	发生的原因	症状
1	使用时期过早（真叶未展开时使用）	新叶黄化（图 3-78），顶芽生长停滞（图 3-79）
2	苗期使用浓度过大或次数过多	新叶黄化（图 3-78），顶芽生长停滞（图 3-79）
3	使用时期过晚（冻害发生后使用）	叶片黄化或脱落
4	着色期使用浓度过大或次数过多	提前成熟（果实硬度降低，耐储性下降），影响品质和产量

（2）**常见药害的主要症状**　具体症状如图 3-78、图 3-79 显示。

（3）**药害的预防方法**　①掌握好使用技术。S-诱抗素的使用效果和安全性与番茄品种、使用时期、使用浓度、使用方法、使用次数等多种因素有关，使用前应根据自身的使用目的，学习和掌握好使用技术，以免因使用不当而引起异常症状的发生。如增强番茄苗抗逆性，一般在异常气候来临前 2～3 天用 2～3.33mg/kg 全株

图 3-78　新叶黄化

图 3-79　顶芽生长停滞

喷施，使用时生育时期不能过早、浓度不能过高，否则会出现叶片黄化、顶芽生长停滞；也不能使用过晚、浓度过低，否则抗性增强效果不明显。②在适宜的环境条件下使用。低温、持续阴雨、高温、土壤黏重或沙性过强等也会引起或加重异常症状的发生，使用时应根据环境条件对使用技术及配套管理措施进行适当调整，以预防和减轻这些异常症状的发生。如生长期遇极低温、持续阴雨天气，温度在 18℃以下时，一般不宜使用，在 18 ～ 30℃之间时，按正常浓度使用，高于 30℃时，适当降低使用浓度或待温度降至正常范围后再使用。③掌握好配套的栽培管理技术。如肥水管理、病虫害防治等都与异常症状的发生有关，只有做好了配套的栽培管理工作，才能尽可能地避免和减轻药害。如肥水管理，应增加有机肥的使用，一般应使用优质生物有机肥 100 ～ 200kg/ 亩配合适量的腐熟农家肥或土杂肥等，同时应根据品种适当控制氮肥，增加磷、钾肥用量，并注意补充钙、镁等中量元素及硼、锌、铁、钼等微量元素。

（4）药害的解救办法　①新叶黄化、顶芽生长停滞：应通过适时、适量地使用药剂来预防和减轻。症状轻微的，可通过及时施入适量含腐植酸水溶肥（根莱士）和复合肥或大量元素水溶肥料（施它，或施特优，或沃克瑞），叶面喷施植物生长调节剂 0.1% 三十烷醇微乳剂（优丰），或 8% 胺鲜酯可溶粉剂（天都），或 8%胺鲜酯水剂（施果乐），或 0.01% 24-表芸苔素内酯可溶液剂，配合含氨基酸水溶肥（稀施美）或含腐植酸水溶肥（络康）等来缓解；症状严重的，不易恢复。②叶片黄化、脱落：一旦发生，目前无有效的解救方法；应通过适时、适量地使用，避免在冻害发生后用药来预防。③提前成熟，影响品质和产量：应通过适时、适量地使用药剂来预防；发现及时、症状轻微的，可通过加强肥水管理，适当增施磷、钾肥，适时、适量地施入含腐植酸水溶肥（根莱士）和复合肥或大量元素水溶肥料（施它，或施特优，或沃克瑞，或雨阳水溶肥），叶面喷施植物生长调节剂 0.1% 三十烷醇微乳剂（优丰），或 8% 胺鲜酯可溶粉剂（天都），或 8%胺鲜酯水剂（施果乐），或 0.01% 24- 表芸苔素内酯可溶液剂，配合大量元素水溶肥料（雨阳水溶肥或冠顶）或磷酸二氢钾（国光甲）等来减轻；症状严重的，应及时疏除。

乙烯利和胺鲜·乙烯利

一、金橘

（1）**药害发生的原因**　金橘上使用乙烯利/胺鲜·乙烯利，使用浓度一般不超过 300mg/kg，使用次数 1～2 次。如果使用浓度过大、次数过大，用药后气温过高，易引起或加重金橘落叶、落果；树势弱、后期异常低温，也可能引起或加重金橘落叶、落果现象的发生；在选择药剂时如果选用了"以肥代药"或"三无"产品，由于不知道产品的成分及含量，使用时也无法准确地计算使用浓度，也可能会造成以上药害症状的发生（见表 3-27）。

表 3-27　乙烯利/胺鲜·乙烯利用于金橘发生药害的原因与症状

序号	发生的原因	症状
1	促进成熟上色时使用浓度过大或次数过多	落叶、落果（图3-80、图3-81）
2	树势弱、低温	

（2）**常见药害的主要症状**　具体症状如图 3-80、图 3-81 显示。
（3）**药害的预防方法**　①掌握好使用技术。乙烯利/胺鲜·乙烯利的使用效果

图 3-80　落叶、落果（一）

图 3-81　落叶、落果（二）

和安全性与金橘品种、使用时期、使用浓度、使用方法、使用次数等多种因素有关，使用前应根据自身的使用目的，学习和掌握好使用技术，以免因使用不当而引起异常症状的发生。目前，乙烯利/胺鲜·乙烯利在金橘上还没有成熟的应用技术，应避免盲目使用。②掌握好配套的栽培管理技术。加强营养管理提升金橘树势，冬季注意抗寒防冻，减少因树势差和低温影响引起的落叶、掉果。

（4）**药害的解救办法**　落叶、落果一旦发生，目前无有效的解救方法。应通过适时、适量地使用，加强营养管理、维持健壮的树势，注意保温、防冻等措施来预防和减轻。落叶、落果症状轻微时，通过加强营养管理，叶面喷施植物生长调节剂0.1%三十烷醇微乳剂（优丰）或5%萘乙酸水剂（花果宝），配合含氨基酸水溶肥（稀施美），可适当减轻。低温、树势弱也会造成落叶、落果，在低温来临前，通过喷施植物生长调节剂0.1%S-诱抗素水剂（动力）和含腐植酸水溶肥（络康）、树冠盖膜等措施，可增强树体抵抗低温的能力，减轻异常落叶、落果；加强肥水管理，叶面喷施植物生长调节剂0.1%三十烷醇微乳剂（优丰），配合含氨基酸水溶肥（稀施美），根据树势情况根施复合肥或大量元素水溶肥料（松尔肥，或施特优，或雨阳水溶肥）和含腐植酸水溶肥（根莱士），可增强树势，减轻落叶、落果现象的发生。

二、苹果

（1）**药害发生的原因**　苹果使用乙烯利时，疏花疏果时一般使用浓度不超过400mg/kg，采前上色时一般使用浓度不超过800mg/kg。浓度过大或用药液量过多时，会出现落花落果、叶片萎蔫、果实硬度降低的药害症状；在树势衰弱、肥水管理差、高温、干旱等条件不适宜情况下使用，可能在较低浓度下就会发生或加重以上药害症状；在选择药剂时如果选用了"以肥代药"或"三无"产品，由于不知道产品的成分及含量，使用时也无法准确地计算使用浓度，也可能会造成以上药害症状的发生（见表3-28）。

表3-28　乙烯利/胺鲜·乙烯利用于苹果发生药害的原因与症状

序号	发生的原因	症状
1	采前上色时使用浓度过大或用药液量过多	落果（图3-82）、果实硬度降低
2	疏花疏果时或采前上色时遇高温、干旱	叶片萎蔫、落花（图3-83），落果（图3-82）

（2）**常见药害的主要症状**　具体症状如图3-82、图3-83显示。

（3）**药效的预防方法**　①掌握好使用技术。乙烯利/胺鲜·乙烯利的使用效果和安全性与苹果品种、使用时期、使用浓度、使用方法、使用次数等多种因素有关，使用前应根据自身的使用目的，学习和掌握好使用技术，以免因使用不当而引起异常症状的发生。如用于采前上色时，一般在采前15天左右使用400～800mg/kg叶面喷雾，使用浓度过高，可能会引起果实硬度下降或落果。②在适宜的环境条件下使用。高温、干旱时会引起或加重异常症状的发生，使用时应根据环境条件对使用技术及配套管理措施进行适当调整，以预防和减轻这些异常症状的发生。如遇高

图 3-82　落果

图 3-83　叶片萎蔫、落花

温、干旱时，适当降低使用浓度或待温度降至正常范围后再使用。③掌握好配套的栽培管理技术。负载量过大、树势衰弱、肥水管理不当等都会引起或加重异常症状的发生，只有做好了配套的栽培管理工作，才能尽可能地避免和减轻。比如负载量过大、树势衰弱时，应避免使用药剂来疏花疏果或促进采前上色，以免造成叶片萎蔫、落花落果等副作用。

（4）**药害的解救办法**　①叶片萎蔫：症状轻微时，可以通过加强肥水管理，根据树势和负载量适时适量地施入复合肥或大量元素水溶肥料（松尔肥，或施特优，或雨阳水溶肥），叶面喷施植物生长调节剂 0.1% 三十烷醇微乳剂（优丰），配合含氨基酸水溶肥（稀施美）等措施来缓解；症状严重时，不易恢复。②落花落果：一旦发生，目前无有效的解救方法，应通过适时、适量地使用来预防和减轻。

三、棉花

（1）**药害发生的原因**　棉花使用乙烯利时，使用浓度一般不超过 800mg/kg，浓度过大或使用次数过多时，容易造成棉花叶片焦枯挂枝，棉叶不脱落，污染棉絮，严重时使棉株迅速失水枯死，棉花顶部的部分棉铃也随之枯死，造成棉铃减产；在苗势衰弱、肥水管理差、高温、干旱等条件不适宜情况下使用，可能在较低浓度下就会发生或加重以上药害症状；在选择药剂时如果选用了"以肥代药"或"三无"产品，由于不知道产品的成分及含量，使用时也无法准确地计算使用浓度，也可能会造成以上药害症状的发生（见表 3-29）。

表 3-29　乙烯利/胺鲜·乙烯利用于棉花发生药害的原因与症状

序号	发生的原因	症状
1	使用浓度过大或次数过多	叶片焦枯挂枝（图3-84），棉叶不脱落，污染棉絮（图3-85）严重时棉株迅速失水枯死，棉花顶部的部分棉铃也随之枯死，造成减产
2	高温期使用	叶片焦枯挂枝（图3-84），严重时使棉株迅速失水枯死，顶部的部分棉铃也随之枯死，造成减产

（2）常见药害的主要症状　具体症状如图3-84、图3-85显示。

图 3-84　棉叶焦枯挂枝　　　　　图 3-85　棉花叶片不脱落，污染棉絮

（3）药害的预防方法　①掌握好使用技术。乙烯利/胺鲜·乙烯利用于棉花脱叶催熟的使用效果和安全性与使用时期、使用浓度、使用方法、使用次数等多种因素有关，使用前应学习和掌握好使用技术，以免因使用不当而引起异常症状的发生。如使用乙烯利/胺鲜·乙烯进行棉花脱叶催熟，一般应在全田棉花吐絮率达 30%～40%，每亩使用乙烯利 30～70g 配合国光脱灵（噻苯隆·敌草隆）13～15mL，亩用药液量 40～50kg 进行全株均匀喷雾，一般使用 1 次；对于晚熟品种、晚熟棉花田块、高密度棉田可在使用一次后间隔 5～7 天使用第 2次，第 2 次使用一般每亩使用乙烯利 70～100g 配合国光脱灵（噻苯隆·敌草隆）12～13mL，亩用药液量 40～50kg 进行全株均匀喷雾；同时乙烯利/胺鲜·乙烯用于棉花脱叶催熟的使用时期不能过早，过早使用后棉花叶片提前老化成熟，养分供应率低，影响棉铃产量；过晚使用，棉花已大面积吐絮，影响棉铃采收且易污染棉絮。②在适宜的环境条件下使用。高温、干旱等天气也会引起或加重异常症状的发生，使用时应根据环境条件对使用技术及配套管理措施进行适当调整，以预防和减轻这些异常症状的发生；田间温度在 25℃左右时，按正常浓度使用，高于 28℃时，应适当降低使用浓度或待温度降至正常范围后再使用。

（4）**药害的解救办法** 棉花叶片焦枯、棉铃干枯现象一旦发生，目前暂无有效的解救方法；应以预防为主，掌握好乙烯利用于棉花脱叶催熟的使用技术，适时、适量地使用；发现施药不当后，应及时对棉花植株喷水淋洗，除掉棉叶表面的部分药物，同时冲施或滴灌含氨基酸水溶肥（根宝）或含腐植酸水溶肥（根莱士），促进棉花根系生长，健壮棉株，减轻药害症状。

四、葡萄

（1）**药害发生的原因** 葡萄使用胺鲜·乙烯利时，一般使用浓度不超过600mg/kg。浓度过大或次数过多，田间郁闭通风透光差，会出现树体早衰，叶片发黄、脱落、软果、掉粒、裂果等药害症状；如使用后突遇高温、持续阴雨等情况，或树势差、负载量大，不注重肥水管理等情况下，可能在较低浓度下就发生药害或加重上述药害的发生；在选择药剂时如果选用了"以肥代药"或"三无"产品，由于不知道产品的成分及含量，使用时也无法准确地计算使用浓度，也可能会造成以上药害症状的发生（见表3-30）。

表3-30 乙烯利/胺鲜·乙烯利用于葡萄发生药害的原因与症状

序号	发生的原因	症状
1	使用浓度过大或次数过多或时期偏早	树体早衰，叶片枯黄、脱落（图3-86），软果掉粒（图3-87）
2	树势衰弱、负载量大、肥水管理不当（营养不足）	树体早衰，叶片枯黄、脱落（图3-86），树势弱、负载量大、软果、着色差（图3-88）
3	使用时遇气候异常（高温干旱、气温波动大、持续阴雨）	树体早衰，叶片枯黄、脱落（图3-86），软果掉粒（图3-87），树势弱、负载量大、软果、着色差（图3-88）
4	田间郁闭、通风透光差时使用	加重树体早衰，叶片枯黄、脱落（图3-86），软果掉粒（图3-87）

（2）**常见药害的主要症状** 具体症状如图3-86～图3-88显示。

（3）**药害的预防方法** ①掌握好使用技术。胺鲜·乙烯利的使用效果和安全性与葡萄品种、使用时期、使用浓度、使用方法、使用次数等多种因素有关，使用前应根据自身的使用目的，学习和掌握好使用技术，以免因使用不当而引起异常症状的发生。如一般在果穗自然着色10%时使用，使用300～600mg/kg进行叶面喷雾，使用过早、过晚或浓度过大，效果不理想，且容易造成树体早衰，同时加重裂果、软果的风险。②在适宜的环境条件下使用。低温、持续阴雨、高温干旱、气温波动大等也会引起或加重异常症状的发生，使用时应根据环境条件对使用技术及配套管理措施进行适当调整，以预防和减轻这些异常症状的发生。如高温干旱应适当增加

图 3-86　树体早衰，叶片枯黄、脱落　　　　图 3-87　软果掉粒

图 3-88　树势弱、负载量大、软果、着色差

兑水量，并注意加强果园通风透光；如持续低温阴雨，应待气候好转后酌情使用。③掌握好配套的栽培管理技术。负载量、有效叶片数量、田间的通风透光程度、肥水管理、病虫害防治等都与异常症状的发生有关，只有做好了配套的栽培管理工作，才能尽可能地避免和减轻药害。例如负载量，一般是根据当地的年均日照时间来确定的，如某地年均日照时间为 2000h，则一般亩产量为 2000kg，栽培管理技术较好的可放大到 2500kg，如果负载量过大时使用胺鲜·乙烯利不仅促进成熟着色的效果差还会加重树体早衰、软果、掉粒等异常现象的发生。

（4）药害的解救办法　①叶片枯黄、脱落，软果掉粒：一旦发生，目前无有效的解救方法，应通过加强使用前的试验示范探索，根据天气情况适当降低使用浓度、减少使用次数、维持健壮的树势等措施来预防和减轻。②树体早衰：适时分批采收，降低树体负载量，加强肥水管理，如根部冲施含氨基酸水溶肥（根宝）或含腐植酸水溶肥（根莱士），配合复合肥或大量元素水溶肥料（沃克瑞或施它），叶面喷施含植物生长调节剂 2% 苄氨基嘌呤可溶液剂（植生源）、0.1% 三十烷醇微乳剂（优丰）和含氨基酸水溶肥（稀施美）套餐，或者植物生长调节剂 0.1% S-诱抗素水剂（动力）和含腐植酸水溶肥（络康）套餐等来缓解。③树势弱、着色差：根据树势情况及时疏除过多果穗，维持合适的负载量，加强肥水管理，适当增施国光松达生物有机肥，冲施含腐植酸水溶肥（根莱士），或含氨基酸水溶肥（根宝），配合大量元素水溶肥料（雨阳水溶肥）或磷酸二氢钾（国光甲），结合叶面喷施含植物生长调节剂2%苄氨基嘌呤可溶液剂（植生源）、0.1%三十烷醇微乳剂（优丰）和含氨基酸水溶肥（稀施美）的套餐等措施来缓解。④软果：可以通过适当增施钙肥、磷钾肥，根据树势和负载量适时、适量地使用中量元素水溶肥（络佳钙），配合大量元素水溶肥料（施特优或雨阳水溶肥）和磷酸二氢钾（国光甲），剪除过多果穗，维持适当的载果量，多留功能叶片等措施来缓解。

五、番茄（大、小果型品种）

（1）药害发生的原因　番茄使用乙烯利／胺鲜·乙烯利时，一般使用浓度不超过3000mg/kg。使用时期过早，会出现果实着色均匀度差，黄、白、红等多种颜色混杂现象；使用浓度过高，会出现果实掉落、品质下降、变软、不耐储存现象；使用方法不当（全株喷雾），会出现叶片黄化，果实落果现象；在肥水搭配不合理、杂草过多、病虫害发生严重、环境条件不适宜等情况下使用，可能在较低浓度下就会发生或加重以上药害症状；在选择药剂时如果选用了"以肥代药"或"三无"产品，由于不知道产品的成分及含量，使用时也无法准确地计算使用浓度，也可能会造成以上药害症状的发生（见表3-31）。

表3-31　乙烯利／胺鲜·乙烯利用于番茄发生药害的原因与症状

序号	发生的原因	症状
1	使用时期过早	果实着色均匀度差，黄、白、红等多种颜色混杂（图3-89）
2	使用浓度过高	果实掉落（图3-90）、品质下降、变软、不耐储运
3	使用方法不当（全株喷雾）	叶片黄化（图3-91）、果实掉落（图3-90）

（2）常见药害的主要症状　具体症状如图3-89～图3-91显示。

（3）药害的预防方法　①掌握好使用技术。乙烯利／胺鲜·乙烯利的使用效果和安全性与番茄品种、使用时期、使用浓度、使用方法、使用次数等多种因素有关，使用前应根据自身的使用目的，学习和掌握好使用技术，以免因使用不当而引起异常症状的发生。如促进转色时，一般在果实白熟期使用400～500mg/kg的乙烯利溶液涂抹果面或均匀喷雾果面，促进转色时不能使用过早、浓度不能过高，否则会出现果实内外色泽差异大、果实掉落和品质下降、变软、不耐储存等现象。②在适宜的环境条件下使用。持续低温、阴雨、高温、土壤黏重或沙性过强等也

图 3-89　果实着色均匀度差，黄、白、红等多种颜色混杂

图 3-90　果实掉落

图 3-91　叶片黄化

会引起或加重异常症状的发生，使用时应根据环境条件对使用技术及配套管理措施进行适当调整，以预防和减轻这些异常症状的发生。如着色期遇持续低温、阴雨天气，温度在 18℃ 以下时，一般会适当增加使用浓度，在 18～30℃ 之间时，按正常浓度使用，高于 30℃ 时，适当降低使用浓度或待温度降至正常范围后再使用。③掌握好配套的栽培管理技术。如负载量、有效叶片数量、田间的通风透光程度、肥水管理、病虫害防治等都与异常症状的发生有关，只有做好了配套的栽培管理工作，才能尽可能地避免和减轻药害。比如负载量，一般根据品种特性，适当保留果实数量，常规中果型品种单个果穗留果 4～6 个，大果型品种留果 3～4 个，同时疏除畸形果、僵果，如载果量过大，果实生长受阻，生育期长，着色效果不佳。肥水管理上应增加有机肥的使用，一般应使用优质生物有机肥 100～200kg/ 亩配合适量的腐熟农家肥或土杂肥等，同时果实进入着色期后适当控制氮肥，控水，增施磷、钾肥，并补充钙、镁等中量元素及硼、锌、铁、钼等微量元素，有利于着色。

（4）药害的解救方法　①果实着色不均：应通过适时、适量使用药剂，均匀涂抹果柄或果面，来预防和减轻。症状轻微的，通过适时、适量使用含腐植酸水溶肥（根莱士）和复合肥或大量元素水溶肥料（施特优，或施它，或沃克瑞，或雨阳水溶肥），并在果实白熟期喷施含植物生长调节剂 8% 胺鲜酯水剂（优乐红）、0.1% S-诱抗素水剂（动力），和大量元素水溶肥料（络尔）的套餐，（重点喷施果实着色区域）来促进着色，使色泽均匀、鲜亮；症状严重的，不易恢复。②叶片黄化，果实变软、脱落：一旦发生，目前无有效的解救方法；应通过适时、适量使用药剂，均匀涂抹果柄或果面（禁止全株喷雾），来预防和减轻。

六、茶树

（1）药害发生的原因 茶树使用乙烯利 / 胺鲜·乙烯利时，一般浓度不超过 1333mg/kg。浓度过大或次数过多，会出现叶片大量脱落，树势衰弱现象；使用时期不当，用药时茶树上有茶芽或新梢，会出现新梢黄化、畸形，新梢生长受到抑制，影响茶叶产量；高温、干旱、树势衰弱、肥水管理差等情况下使用，会出现叶片大量脱落，树势衰弱现象；在选择药剂时如果选用了"以肥代药"或"三无"产品，由于不知道产品的成分及含量，使用时也无法准确地计算使用浓度，也可能会造成以下药害症状的发生（见表 3-32）。

表 3-32 乙烯利 / 胺鲜·乙烯利用于茶树发生药害的原因与症状

序号	发生的原因	症状
1	使用浓度过大或次数过多	叶片大量脱落（图 3-92），树势衰弱（图 3-93）
2	使用时期不当（推荐花蕾、花期使用）	新梢黄化、畸形，新梢生长受到抑制（图 3-94），影响茶叶产量
3	环境条件不适宜（高温、干旱）	叶片大量脱落（图 3-92），树势衰弱（图 3-93）
4	栽培管理不当（树势衰弱、肥水管理不当）	

（2）常见药害的主要症状 具体症状如图 3-92 ～图 3-94 显示。

（3）药害的预防方法 ①掌握好使用技术。乙烯利 / 胺鲜·乙烯利的使用效果和安全性与茶树品种、使用时期、使用浓度、使用方法、使用次数等多种因素有关，使用前应根据自身的使用目的，学习和掌握好使用技术，以免因使用不当而引起异常症状的发生。如茶树疏花疏蕾时，一般在开花初期（花开 10% ～ 20%）使用乙烯利 / 胺鲜·乙烯利 800 ～ 1000mg/kg 全株喷施，重点喷花和花蕾。如使用浓度过大，使用次数过多，导致茶树叶片大量脱落，严重的导致全部叶片掉落，树势衰弱，产量低等症状。茶叶疏花疏蕾时，应要求茶树新梢生长进入休眠期，如在新梢生长期（茶芽萌发，新梢生长）使用，会导致新梢生长黄化、畸形，新梢生长受

图3-92　叶片大量脱落

图3-93　树势衰弱

正常生长茶叶新梢

药害症状

图3-94　新梢黄化、畸形，新梢生长受到抑制

到抑制，影响茶叶产量等现象出现。②在适宜的环境条件下使用。高温、干旱等也会引起或加重异常症状的发生，使用时应根据环境条件对使用技术及配套管理措施进行适当调整，以预防和减轻这些异常症状的发生。如乙烯利/胺鲜·乙烯利的药效随温度的升高而增加，温度在20～25℃按照正常浓度使用，温度高于25℃时，适当降低使用浓度或待温度降至正常范围后再使用。③掌握好配套的栽培管理技术。如树势弱、营养不足、茶园积水严重等都与异常症状的发生有关，只有做好了配套的栽培管理工作，才能尽可能地避免和减轻药害。比如树势弱、营养不足的茶树使用乙烯利/胺鲜·乙烯利后，会导致叶片大量脱落，树势衰弱，该类茶树禁止使用。

（4）药害的解救办法　①茶树叶片脱落：应通过降低使用浓度和减少使用次数来预防。症状轻微的，及时使用植物生长调节剂3%赤霉酸乳油（顶跃）和含氨基酸水溶肥（稀施美）来改善；症状严重的，不易恢复。②树势衰弱：可通过适当增施复合肥料（松尔肥）和国光松达生物有机肥，叶面喷施含氨基酸水溶肥（稀施美）或含腐植酸水溶肥（络康），配合植物生长调节剂0.1%三十烷醇微乳剂（优丰），增强茶树营养来改善。③新梢黄化、畸形、生长受到抑制：可及时摘除正在萌发的茶叶，叶面喷施植物生长调节剂3%赤霉酸乳油（顶跃）和含腐植酸大量元素水溶肥（络康）2～3次来改善。④产量降低：可适当增施复合肥料（松尔肥）和国光松达生物有机肥，叶面喷施含氨基酸水溶肥（茶博士）来改善。

七、核桃

（1）药害发生的原因 核桃使用乙烯利/胺鲜·乙烯利一般不超过200mg/kg。浓度过大时，叶片黄化、脱落，树势衰弱，果实青皮提前开裂，果实提前脱落，新芽枯死脱落；如果使用时期过早，果实青皮提前开裂、果实提前脱落、新芽枯死脱落；如果在高温干旱时使用，可引起叶片卷曲、新芽枯死、叶片灼伤现象；在树势衰弱、肥水管理差、高温、干旱等条件不适宜情况下使用，可能在较低浓度下就会发生或加重以上药害症状；在选择药剂时如果选用了"以肥代药"或"三无"产品，由于不知道产品的成分及含量，使用时也无法准确地计算使用浓度，也可能会造成以上药害症状的发生（见表3-33）。

表3-33 乙烯利/胺鲜·乙烯利用于核桃发生药害的原因与症状

序号	发生的原因	症状
1	使用时期过早	果实青皮提前开裂、果实提前脱落、新芽枯死脱落（图3-95）
2	使用浓度过大或次数过多	叶片黄化、脱落，树势衰弱（图3-96），果实青皮提前开裂、果实提前脱落、新芽枯死脱落（图3-95）
3	肥水管理不当（营养不足）	叶片黄化、脱落，树势衰弱（图3-96）
4	环境条件不适宜（持续阴雨、高温）	叶片黄化、脱落，树势衰弱（图3-96），果实青皮提前开裂、果实提前脱落、新芽枯死脱落（图3-95）
5	栽培管理不当（肥水管理不当、树势衰弱、病虫害）	

（2）常见药害的主要症状 具体症状如图3-95、图3-96显示。

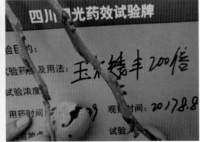

图3-95 果实青皮提前开裂、果实提前脱落、新芽枯死脱落

图 3-96　叶片黄化、脱落，树势衰弱

（3）药害的预防方法　①掌握好使用技术。胺鲜·乙烯利 / 乙烯利的使用效果和安全性与核桃品种、使用时期、使用浓度、使用方法、使用次数等多种因素有关，使用前应根据自身的使用目的，学习和掌握好使用技术，以免因使用不当而引起异常症状的发生。如胺鲜·乙烯利在川早 1 号核桃上促进果实成熟和脱落时，一般在采果前 20 天左右使用 200mg/kg 进行叶面喷施，不能使用过早、浓度不能过高，否则会出现枝条发黑、叶片和花芽脱落以及种仁发育不良等异常现象。②在适宜的环境条件下使用。持续阴雨、高温、土壤黏重或沙性过强等也会引起或加重异常症状的发生，使用时应根据环境条件对使用技术进行适当调整，以预防和减轻这些异常症状的发生。如用乙烯利 / 胺鲜·乙烯利时，应避免在高温（30℃以上）或持续的高温天气时使用。③掌握好配套的栽培管理技术。田间的通风透光程度、肥水管理、病虫害等都与异常症状的发生有关，只有做好了配套的栽培管理工作，才能尽可能地避免和减轻药害。比如核桃炭疽病也会引起大量的落叶、落果，影响核桃的产量和品质。应根据核桃的品种、天气情况等及时做好预防工作。

（4）药害的解救办法　①叶片脱落、果实青皮提前开裂：一旦发生，目前无有效的解救方法，应通过适时、适量地使用来预防和减轻。②叶片轻微黄化：可以加强肥水管理，适时适量使用复合肥或大量元素水溶肥料（松尔肥或施特优），叶面及时喷施微量元素水溶肥（络微）和植物生长调节剂 0.1% 三十烷醇微乳剂（优丰）。③新芽枯死：应将新芽枯死的枝条疏除，以减少水分蒸发、减少病虫害寄生场所。④树势衰弱：可以通过加强肥水管理，根据树势和负载量适时适量地施入复合肥料（松尔肥）和国光松达生物有机肥，做好保叶，合理疏枝，叶面喷施含植物生长调节剂 2% 苄氨基嘌呤可溶液剂（植生源）、0.1% 三十烷醇微乳剂（优丰）和含氨基酸水溶肥（稀施美）的套餐等措施来缓解。

八、芒果

（1）药害发生的原因　芒果使用乙烯利 / 胺鲜·乙烯利时，控梢期一般使用浓度不超过 500mg/kg，催花期一般使用浓度不超过 200mg/kg。反季节早熟芒果催花使用浓度过大或次数过多时，会出现花芽灼伤、出花质量差等药害现象；控梢期使用时期过早（嫩梢期使用），会出现新叶脱落、新梢干枯等药害现象；控梢期使用浓度过大或次数过多或使用时温度过高会出现老叶脱落、树势衰弱，影响后期开花结果；过量乙烯利误喷至树干会导致树皮开裂、流胶，进而导致树势衰弱，影响开花结果；果期误用会导致果实异常脱落；在抽梢蓬数不足、有效叶片不足、树势衰弱、肥水管理差、低温、持续阴雨、高温、土壤沙性过强或偏黏重等情况下使用，可能在较低浓度下就会发生或加重以上药害症状；在选择药剂时如果选用了"以肥代药"或"三无"产品，由于不知道产品的成分及含量，使用时也无法准确地计算使用浓度，也可能会造成以上药害症状的发生（见表 3-34）。

表 3-34　乙烯利 / 胺鲜·乙烯利用于芒果发生药害的原因与症状

序号	发生的原因	症状
1	反季节芒果催花使用浓度过高或次数过多	花芽灼伤，出花质量差（图3-97）
2	控梢期使用时期过早（嫩梢期使用）	易导致新叶脱落（图3-98），新梢干枯（图3-99）
3	控梢期使用浓度过大或次数过多或使用时温度过高	老叶脱落（图3-100），树势减弱，影响开花结果
4	使用方法不当（误喷枝干）	树皮开裂、流胶（图3-101），树势减弱，影响开花结果
5	果期误用	果实异常脱落（图3-102）

（2）常见药害的主要症状　具体症状如图 3-97 ～图 3-102 显示。

（3）药害的预防方法　①掌握好使用技术。乙烯利 / 胺鲜·乙烯利的使用效果和安全性与芒果品种、使用时期、使用浓度、使用方法、使用次数等多种因素有关，使用前应根据自身的使用目的，学习和掌握好使用技术，以免因使用不当而引起异常症状的发生。如控梢后期（花芽分化前一个月），乙烯利使用 200～500mg/kg 处理控梢，控梢时不能使用过早、浓度不能过高，否则会出现树干流胶、顶芽灼伤等现象，也不能使用过晚、浓度过低，否则会出现抽梢现象；调花催花期，乙烯利用 160～266mg/kg 处理，催花浓度不能过高，否则会出现花芽灼伤、无法正

图 3-97　花芽灼伤、出花质量差

常出花等现象，也不能使用浓度过低，否则会出现花带叶、无法正常出花等现象。②在适宜的环境条件下使用。低温、持续阴雨、高温、土壤黏重或沙性过强等也会引起或加重异常症状的发生，使用时应根据环境条件对使用技术及配套管理措施进行适当调整，以预防和减轻这些异常症状的发生。如控梢后期低温或小雨使用乙烯利浓

图 3-98　新叶脱落

图 3-99　新梢干枯

图3-100　老叶脱落

图3-101　树皮开裂、流胶

度过高可能会导致底层老叶脱落等异常现象。

（4）药害的解救办法　①花芽灼伤，出花质量差：一旦发生，目前无有效的解救方法；应适时、适量使用来预防和减轻。发现异常的花芽，可拗掉后重新催花（反季节芒果生产区），催花时应适当降低浓度。②果实异常脱落：一旦发生，目前无有效的解救方法。发现掉果时，应及时喷

图3-102　果实异常脱落

施植物生长调节剂0.1%氯吡脲可溶液剂（果盼／高恋）、3.6%苄氨·赤霉酸可溶液剂（优乐果）和3%赤霉酸乳油（顶跃或赤美），并加强肥水管理。③新叶脱落、新梢干枯：一旦发生，目前无有效的解救方法。应适时、适量使用来预防和减轻。若该嫩梢的蓬次数量为超过该品种芒果适宜开花结果的枝梢蓬次数量，即该嫩梢为

抽发的多余枝梢，可不作处理（这种情况对芒果正常开花结果是有利的）；若该嫩梢的蓬次数量未超过该品种芒果适宜开花结果的枝梢蓬次数量，出现这些症状对芒果正常开花结果是不利的，应加强肥水管理，及时施入复合肥或大量元素水溶肥料（施特优，或施它，或沃克瑞，或雨阳水溶肥）、含腐植酸水溶肥（根莱士）或含氨基酸水溶肥（根宝）增强树势，开花前及时拗掉未掉落枝梢等，以促进正常开花结果。④老叶脱落：一旦发生，目前无有效的解救方法。应通过适时、适量地使用，重点喷叶片正面、顶芽，尽量避免药液喷到叶片背面上来预防和减轻。发现掉叶后，应及时喷施植物生长调节剂 0.1% 三十烷醇微乳剂（优丰）和含氨基酸水溶肥（稀施美），并加强肥水管理，适时、适量使用复合肥或大量元素水溶肥料（施特优，或施它，或沃克瑞，或雨阳水溶肥）、含腐植酸水溶肥（根莱士）或含氨基酸水溶肥（根宝），以减轻叶片脱落，以利于后期开花结果。⑤树皮开裂、流胶：应采用叶面喷施的方法，重点喷叶片正面、顶芽，尽量避免药液喷到枝干上来预防和减轻。针对出现该症状的树体，应加强营养补充、防树体早衰，并做好流胶病、细菌角斑病等病虫害的防治，以稳定产量和品质。

九、荔枝

（1）**药害发生的原因**　荔枝在使用乙烯利 / 胺鲜·乙烯利时，一般使用浓度不超过 400mg/kg。浓度过大时，会出现黄叶、掉叶、顶芽丛生、树势衰弱等现象；如果在树势衰弱、高温、干旱等条件不适宜情况下使用，可能在较低浓度下就会发生或加重以上药害症状；在选择药剂时如果选用了"以肥代药"或"三无"产品，由于不知道产品的成分及含量，使用时也无法准确地计算使用浓度，也可能会造成以上药害症状的发生（见表 3-35）。

表 3-35　乙烯利 / 胺鲜·乙烯利用于荔枝发生药害的原因与症状

序号	发生的原因	症状
1	控梢时使用浓度过大或次数过多	顶芽丛生（图 3-103），叶片黄化（图 3-104），落叶（图 3-105）

（2）**常见药害的主要症状**　具体症状如图 3-103 ～图 3-105 显示。

（3）**药害的预防方法**　①掌握好使用技术。乙烯利 / 胺鲜·乙烯利的使用效果和安全性与荔枝品种、使用时期、使用浓度、使用方法、使用次数、温度、水分等多种因素有关，使用前应根据自身的使用目的，学习和掌握好使用技术，以免因使用不当而引起药害发生。如控梢促花时，一般在末次梢老熟后或冬梢抽发时，使用乙烯利 100 ～ 400mg/kg 进行叶面喷施，使用浓度不能过高、次数不能过多，否则会出现顶芽丛生、黄叶、掉叶等现象，也不能使用浓度过低，否则控梢促花

图 3-103 顶芽丛生

图 3-104 叶片黄化

效果不理想，出现冬梢抽发等现象。②在适宜的环境条件下使用。在高温的天气使用，会引起或加重药害的发生，使用时应根据环境条件对使用技术及配套管理措施进行适当调整，以预防和减轻药害的发生。一般温度在26～32℃时，按正常浓度使用，温度高于32℃应适当降低使用浓度，温度低于26℃，可适当提高使用浓度。

图 3-105 落叶

（4）药害的解救办法 ①顶芽丛生、掉叶：一旦发生，目前无有效的解救方法。应根据品种、树势等灵活调整使用浓度和次数来预防和减轻。②黄叶：应根据品种、树势等灵活应用，来预防和减轻。症状轻微的，可叶面喷施含植物生长调节剂 2% 苄氨基嘌呤可溶液剂（植生源）、0.1% 三十烷醇微乳剂（优丰）和含氨基酸水溶肥（稀施美）的套餐，加强营养管理，适当增施国光松达生物有机肥，施用复合肥或大量元素水溶肥料（施特优，或松尔肥，或施它），配合含腐植酸水溶肥（根莱士），以防树体早衰，增强树势，利于开花结果，稳定产量和品质。症状严重的，不易恢复。

十、苗木

（1）药害发生的原因 苗木使用乙烯利/胺鲜·乙烯利控花时，一般使用浓度不超过 600mg/kg，浓度过大时，会导致部分树种的叶片发黄、僵化、提前脱落、嫩枝干枯等现象；使用次数不宜过多，用药应均匀，使用次数过多，用药不均匀时，会导致部分树种黄叶甚至落叶等现象；在树势衰弱、病虫危害重、肥水管理差、高温、干旱等情况下使用，可能在较低浓度下就会发生或加重以上药害症状在选择药剂时如果选用了"以肥代药"或"三无"产品，由于不知道产品的成分及含量，使用时也无法准确地计算使用浓度，也可能会造成以上药害症状的发生（见表3-36）。

表3-36 乙烯利/胺鲜·乙烯利用于苗木发生药害的原因与症状

序号	发生的原因	症状
1	使用浓度过大	悬铃木叶片僵化、脱落（图3-106），紫薇叶片发黄、提前脱落，嫩枝干枯（图3-107）
2	使用次数过多用药不均匀	紫叶李黄叶、落叶（图3-108）

（2）常见药害的主要症状 具体症状如图3-106～图3-108显示。

图3-106 悬铃木叶片僵化、脱落　　　　图3-107 紫薇叶片发黄、提前脱落，
　　　　　　　　　　　　　　　　　　　　　　　　　　　嫩枝干枯

（3）药害的预防方法 掌握好使用技术。乙烯利/胺鲜·乙烯利的使用效果和安全性与苗木品种、使用时期、使用浓度、使用方法、使用次数等多种因素有关，使用前应根据自身的使用目的，学习和掌握好使用技术，以免因使用不当而引起异常症状的发生。不同品种应用浓度差异较大。如在悬铃木上用1000mg/kg以上会出现叶片僵化、脱落的药害症状；在紫薇上用150mg/kg以上即会引起叶片发黄、提前脱落，嫩枝干枯。因此，应根据不同的作物、品种选择适宜的使用方法，以避免异常症状的产生。

（4）药害的解救办法 ①叶片发黄、脱落：可通过使用植物生长调节剂2%苄氨基嘌呤可溶液剂（花思）或3.6%苄氨·赤霉酸可溶液剂（花盼），配合含氨基酸水溶肥（思它灵）促进生长，并促进新芽萌发，延缓叶片脱落。②叶片僵化、生长不良：可使用植物生长调节剂2%苄氨基嘌呤可溶液剂（花思）或3.6%苄氨·赤霉酸可溶液剂（花盼）打破僵化，并适当加强肥水管理，维持适宜的养分供给水平。

图 3-108　紫叶李黄叶、落叶

十一、玉米

（1）**药害发生的原因**　玉米使用胺鲜·乙烯利时，一般用量不超过 25mL/ 亩，使用量过大或使用次数过多，会出现植株过于矮小、苞穗短小等药害症状；用药不均匀，重复用药（无人机喷药时喷幅重叠）也会引起以上药害症状的发生；在肥水管理差、植株瘦弱、病虫危害重、高温、干旱等情况下使用，可能在较低浓度（用量）下就会发生或加重以上药害症状；如果选用了"以肥代药"或"三无"产品，由于不知道产品的成分及含量，使用时也无法准确地计算使用浓度，也可能会造成以上药害症状的发生（见表 3-37）。

表 3-37　胺鲜·乙烯利用于玉米发生药害的原因与症状

序号	发生的原因	症状
1	使用浓度过大	植株矮小（图3-109），苞穗短小
2	重复用药（无人机喷药时喷幅重叠）	
3	肥水管理差、植株瘦弱、高温、干旱	

（2）**常见药害的主要症状**　具体症状如图 3-109 显示。

（3）**药害的预防方法**　①掌握好使用技术。胺鲜·乙烯利的使用效果和安全性与玉米品种、使用时期、使用浓度、使用方法、使用次数等多种因素有关，使用前应学习和掌握好使用技术，以免因使用不当而引起异常症状的发生。如使用国光玉

图 3-109　植株矮小

米矮丰（30% 胺鲜·乙烯利）用于玉米控旺防倒，一般在玉米 6～13 片完全展开叶时期，亩用 25mL 兑水 15～30kg 进行全株均匀喷雾一次，用量（浓度）过高或使用次数过多容易出现植株矮小、苞穗短小等异常现象。②发现施药不当（过量施药或重复施药）后，应及时喷清水淋洗，去除玉米叶片表面的部分药物，同时及时适量追施复合肥料（国光松尔肥）和大量元素水溶肥（国光根莱士），加强肥水管理，以促进玉米生长、复壮植株，缓解和减轻异常症状的发生。

（4）药害的解救办法　①植株矮小：可通过加强肥水管理，及时适量追施复合肥料（松尔肥）和含腐植酸水溶肥（根莱士），叶面喷施含氨基酸水溶肥（稀施美）、0.1% 三十烷醇微乳剂（优丰）或 8% 胺鲜酯可溶粉剂（天都），促进玉米植株尽可能恢复生长。②苞穗短小：已经出现了苞穗短小现象的，目前除加强肥水管理，及时适量追施复合肥料（松尔肥）和含腐植酸水溶肥（根莱士），叶面喷施含氨基酸水溶肥（稀施美）、0.1% 三十烷醇微乳剂（优丰）或 8% 胺鲜酯可溶粉剂（天都），促进籽粒发育外，无有效解救方法。

第八节

萘乙酸·乙烯利

一、党参

（1）药害发生的原因　党参使用萘乙酸·乙烯利时，一般使用浓度不超过 1000mg/kg，使用时期过早且浓度过大时，植株营养生长不完全，叶片比较幼嫩，会造成党参叶片簇生、叶片黄化、生长不良现象；随意扩大使用浓度或增加使用次数，叶片会出现簇生，同时叶片从植株顶端新叶开始黄化萎蔫，茎秆也发黄、干枯，严重时出现大面积落叶的药害症状；在杂草过多、除草剂使用不当、病虫害严重、肥水管理差、高温、干旱等条件不适宜情况下使用，可能在较低浓度下就会发生或加重以上药害症状；此外，在选择药剂时如果选用了"以肥代药"或"三无"产品，由于不知道产品的成分及含量，使用时也无法准确地计算使用浓度，也可能会造成以上药害症状的发生（见表3-38）。

表3-38　萘乙酸·乙烯利用于党参发生药害的原因与症状

序号	发生的原因	症状
1	使用时期过早且浓度过大	叶片簇生（图3-110），叶片黄化、生长不良（图3-111）
2	使用浓度过大或次数过多	叶片簇生（图3-110），叶片黄化、生长不良（图3-111），茎秆发黄、干枯、落叶（图3-112）
3	环境条件不适宜（高温、干旱）	
4	栽培管理不当（肥水管理不当、杂草过多、病虫害发生严重）	叶片黄化、生长不良（图3-111），茎秆发黄、干枯、落叶（图3-112）
5	除草剂选择不当	叶片簇生（图3-110），叶片黄化、生长不良（图3-111），茎秆发黄、干枯、落叶（图3-112）

（2）常见药害的主要症状　具体症状如图3-110～图3-112显示。

图3-110　叶片簇生

图3-111　叶片黄化、生长不良

（3）药害的预防方法　①掌握好使用技术。萘乙酸·乙烯利的使用效果和安全性与党参品种、使用时期、使用浓度、使用方法、使用次数等多种因素有关，使

图 3-112　茎秆发黄、干枯、落叶

用前应根据自身的使用目的，学习和掌握好使用技术，以免因使用不当而引起异常症状的发生。如控花时，一般在党参现蕾期使用 750 ～ 1000mg/kg 叶面喷施（重点喷施花蕾），控花时不能使用过早、次数不能过多、浓度不能过高，否则会出现叶片黄化、簇生等现象，致使茎秆发黄、干枯、落叶，也不能使用过晚、浓度过低，否则会出现控花效果不佳，党参产量低等不良现象。②在适宜的环境条件下使用。高温、干旱等不良环境条件也会引起或加重异常症状的发生，使用时应根据环境条件对使用技术及配套管理措施进行适当调整，以预防和减轻这些异常症状的发生。如遇持续高温干旱天气，温度在 18℃ 以下时，一般会适当增加萘乙酸·乙烯利的使用浓度，在 18 ～ 25℃ 之间时，按正常浓度使用，高于 25℃ 时，适当降低萘乙酸·乙烯利使用浓度或待温度降至正常范围后再使用。③掌握好配套的栽培管理技术。肥水管理、叶片的通风透光程度、田间杂草防除、病虫害防治等都与异常症状的发生有关，只有做好了配套的栽培管理工作，才能尽可能地避免和减轻药害。比如肥水管理，一般根据当地气候条件和生长势来确定，如果当地出现持续高温干旱天气，生长势较弱，田间要及时浇水，一般浇水到田间持水量 50% ～ 60% 为宜。浇水与施肥同步进行。肥水管理上应增加有机肥的使用，一般应使用优质生物有机肥 100 ～ 200kg/ 亩配合适量的腐熟农家肥等，同时应根据品种适当控制氮肥，增加磷、钾肥用量，并注意补充钙、镁等中量元素及硼、锌、铁、钼等微量元素，建议施用国光高钾松尔肥 25 ～ 50kg/ 亩。④合理选择除草剂。不同成分除草剂的作用机理和杀草谱不同，相同成分除草剂的不同剂型对党参的安全性也有差异。因此，选择除草剂时，需要根据实际情况合理选择，以预防和减轻这些异常症状的发生。如遇使用除草剂后表现出异常症状，一般应使用国光"植优美"套餐叶面喷施 1 ～ 2 次进行缓解。

（4）**药害的解救办法**　①茎秆发黄、干枯、落叶。一旦发生，目前无有效的解救方法；应通过适时适量使用来预防。②叶片簇生。症状轻微的，可通过喷施含植物生长调节剂 2% 苄氨基嘌呤可溶液剂（植生源）、0.1% 三十烷醇微乳剂（优丰）和含氨基酸水溶肥（稀施美）的"植优美"套餐，加强肥水管理，施用复合肥料（松尔肥）和国光松达生物有机肥，维持水分的均衡供应来缓解；症状严重的，不易恢复。③生长不良。可以通过加强肥水管理，增施复合肥料（松尔肥）和国光松达生物有机肥，冲施含腐植酸水溶肥（根莱士），喷施含植物生长调节剂 2% 苄氨基嘌呤可溶液剂（植生源）、0.1% 三十烷醇微乳剂（优丰）和含氨基酸水溶肥（稀施美）的套餐，同时加强田间管理，及时中耕除草、及时排灌水等措施来缓解。

二、黄芪

（1）**药害发生的原因**　黄芪使用萘乙酸·乙烯利时，一般使用浓度不超过 1000mg/kg。黄芪叶片较小、茎秆较细时使用，或使用浓度过大时，会造成叶片干枯、部分叶片脱落、茎秆干枯；在杂草过多、除草剂使用不当、病虫害严重、肥水管理差、高温、干旱等条件不适宜情况下使用，植株抗逆性较差，会出现生长不良、叶片黄化、叶片脱落的药害现象，严重时叶片干枯；此外，在选择药剂时如果选用了"以肥代药"或"三无"产品，由于不知道产品的成分及含量，使用时也无法准确地计算使用浓度，也可能会造成以上药害症状的发生（见表 3-39）。

表 3-39　萘乙酸·乙烯利用于黄芪发生药害的原因与症状

序号	发生的原因	症状
1	使用浓度过大	叶片脱落（图3-113），叶片干枯（图3-114），茎秆干枯（图3-115）
2	环境条件不适宜（高温、干旱）	生长不良，叶片黄化，叶片脱落（图3-113），叶片干枯（图3-114），茎秆干枯（图3-115）
3	栽培管理不当（肥水管理不当、杂草过多、病虫害发生严重）	生长不良，叶片黄化，叶片脱落（图3-113），叶片干枯（图3-114）
4	除草剂选择不当	生长不良，叶片黄化，叶片脱落（图3-113），叶片干枯（图3-114），茎秆干枯（图3-115）

（2）**常见药害的主要症状**　具体症状如图 3-113～图 3-115 显示。

（3）**药害的预防方法**　①掌握好使用技术。萘乙酸·乙烯利的使用效果和安全性与黄芪品种、使用时期、使用浓度、使用方法、使用次数等多种因素有关，使用前应根据自身的使用目的，学习和掌握好使用技术，以免因使用不当而引起异常症状的发生。如控花时，一般在黄芪现蕾期使用 750～1000mg/kg 叶面喷施（重点喷施花蕾），控花时使用浓度不能过高，否则会出现叶片干枯、脱落，茎秆干枯；使用浓度也不能过低，否则会出现控花效果不佳，黄芪产量低等不良现象。②在适

图 3-113　叶片脱落

图 3-114　叶片干枯

图 3-115　茎秆干枯

宜的环境条件下使用。高温、干旱等不良环境条件也会引起或加重异常症状的发生，使用时应根据环境条件对使用技术及配套管理措施进行适当调整，以预防和减轻这些异常症状的发生。如遇持续高温干旱天气，温度在 16℃以下时，一般会适当增加萘乙酸·乙烯利的使用浓度，在 16～25℃之间时，按正常浓度使用，高于 25℃时，适当降低萘乙酸·乙烯利使用浓度或待温度降至正常范围后再使用。③掌握好配套的栽培管理技术。肥水管理、叶片的通风透光程度、田间杂草防除、病虫害防治等都与异常症状的发生有关，只有做好了配套的栽培管理工作，才能尽可能地避免和减轻药害。比如肥水管理，一般根据当地气候条件和生长势来确定，如果当地出现持续高温干旱天气，生长势较弱，田间要及时浇水，一般浇水到田间持水量 50%～60% 为宜。浇水与施肥同步进行。肥水管理上应增加有机肥的使用，一般应使用优质生物有机肥 100 ～ 200kg/ 亩配合适量的腐熟农家肥等，同时应根据品种适当控制氮肥，增加磷、钾肥用量，并注意补充钙、镁等中量元素及硼、锌、铁、钼等微量元素，建议施用国光高钾松尔肥 25 ～ 50kg/ 亩。④合理选择除草剂。不同成分除草剂的作用机理和杀草谱不同，相同成分除草剂的不同剂型对黄芪的安全性也有差异。因此，选择除草剂时，需要根据实际情况合理选择，以预防和减轻这些异常症状的发生。如遇使用除草剂后表现出异常症状，一般应使用国光"植优美"套餐叶面喷施 1 ～ 2 次进行缓解。

（4）药害的解救办法　叶片干枯、茎秆干枯、叶片脱落一旦发生，目前无有效的解救方法；应通过适时适量地使用来预防。症状轻微时，可通过适当增施复合肥料（松尔肥）和国光松达生物有机肥，并结合叶面喷施微量元素水溶肥（络微）和植物生长调节剂 0.1% 三十烷醇微乳剂（优丰），加强水分管理，维持水分的均衡供应等措施来缓解；症状严重的，不易恢复。

附录1 四川国光农化用于预防和解救药害的常见植物生长调节剂与使用技术

农药名称	主要功效	使用技术
0.1%三十烷醇微乳剂（注册商标：优丰）	能促进农作物长根、生叶、花芽分化，增加分蘖，促进早熟，保花保果	兑水稀释1000～2000倍喷雾
0.1% S-诱抗素水剂（注册商标：动力）	诱导植物产生对不良生长环境（逆境）的抗性，如抗旱性、抗寒性、耐盐性等	兑水稀释300～500倍喷雾
3%赤霉酸乳油（注册商标：顶跃、赤美）	刺激细胞分裂和细胞伸长，或两者兼而有之	兑水稀释2000～6000倍喷雾
20%赤霉酸可溶粉剂（注册商标：施奇）	主要功效同3%赤霉酸乳油	兑水稀释15000～40000倍喷雾
3.6%苄氨·赤霉酸可溶液剂（注册商标：妙激、优乐果、果动力、花盼）	能促进植物生长发育、花芽分化、催花促花、花茎伸长、幼果细胞分裂、细胞膨大、提高坐果率，缓解逆境障碍等	兑水稀释1000～3000倍喷雾
2%苄氨基嘌呤可溶液剂（注册商标：植生源、果欢、花思）	能促进花芽分化，保花保果，加速细胞分裂，膨大果实，减少裂果；促进侧芽萌发，促进分枝数	兑水稀释1000～2000倍喷雾
0.1%氯吡脲可溶液剂（注册商标：果盼、高恋）	能促进作物细胞分裂、分化，器官形成，提高光合作用，可以保花保果，加速幼果生长发育，膨大果实	兑水稀释1000～3000倍喷雾
8%胺鲜酯可溶粉剂（注册商标：天都） 8%胺鲜酯水剂（注册商标：施果乐）	能提高植株内叶绿素、蛋白质、核酸的含量；提高光合速率，促进植株碳、氮的代谢，增强植株对水、肥的吸收	兑水稀释1500～2000倍喷雾
8%对氯苯氧乙酸钠可溶粉剂（注册商标：贝稼）	具有防止落花落果，提高坐果率，加速幼果生长发育，防治采前落果，提高产量，保鲜等作用	兑水稀释5000～15000倍喷雾，植株幼嫩部位较敏感，施药时注意避开

农药名称	主要功效	使用技术
5%萘乙酸水剂 （注册商标：花果宝）	促进细胞分裂与扩大，诱导形成不定根，增加坐果，保花保果，加速幼果生长发育，减少落果	兑水稀释3000～10000倍喷雾，植株幼嫩部位较敏感，施药时注意避开
1.4%复硝酚钠水剂 （注册商标：雨阳）	促进植株发根、生长、开花、结果，尤其能促进授粉受精，开花结果多	兑水稀释5000～8000倍喷雾
50%矮壮素水剂 （注册商标：抑灵）	能控制植株生长，抗倒伏，增强光合作用，提高抗逆性，改善品质，提高产量	兑水稀释500～2000倍喷雾
5%烯效唑可湿性粉剂 （注册商标：爱壮）	能矮壮植株，控制徒长，防止倒伏，促进开花结实，增加产量，促进有效分蘖	兑水稀释500～1000倍喷雾
10%甲哌鎓可溶粉剂 （注册商标：高盼）	能有效调节植株生长，提高叶绿素含量，增强光合作用，加速块根、块茎等果实的生长发育	兑水稀释300～600倍喷雾
98%甲哌鎓可溶粉剂	主要功效同10%甲哌鎓可溶粉剂	兑水稀释1000～2000倍喷雾
30%多唑·甲哌鎓悬浮剂 （注册商标：金美瑞）	能显著延缓植株生长，抑制茎秆伸长，缩短节间，促进植物分蘖，提高产量	兑水稀释1000～3000倍喷雾

注：由于作物种类或品种、生长环境、气候条件、栽培管理方式、植株长势、使用目的等不同，植物生长调节剂的使用方法、使用浓度等可能会有所不同，以上介绍的各种植物生长调节剂的使用技术等仅供参考，使用前应咨询相关技术人员，并先小面积试验成功后再扩大使用。

附录2　四川国光农化用于预防和解救药害的常见肥料与使用技术

注册商标	产品类型	主要技术指标	主要特征与使用技术
松尔	复合肥料	N+P$_2$O$_5$+K$_2$O≥45% 氮磷钾配比： 25∶5∶15/15∶5∶20/15∶15∶15	本品由熔融喷浆、高塔造粒工艺生产，颗粒均匀，效果稳定。可促进植株健壮生长，壮果壮籽，改善品质，提高产量。可作基肥和追肥，可穴施、沟施、撒施

注册商标	产品类型	主要技术指标	主要特征与使用技术
沃克瑞	复合肥料	N+P$_2$O$_5$+K$_2$O ≥ 50% 氮磷钾配比： 16：5：30/17：17：17/30：10：10	本品用全水溶原料，由高塔熔融喷浆造粒工艺生产，溶解迅速，颗粒圆润。可促进根系、叶片、果实生长。可作基肥和追肥使用，可溶解后滴灌或冲施；也可直接穴施、沟施或撒施
雨阳	复合肥料	N+P$_2$O$_5$+K$_2$O ≥ 45% 氮磷钾配比： 22：8：15	本品由熔融喷浆、高塔造粒工艺生产，颗粒均匀，效果稳定。能补充作物营养元素，促进根系发达，健壮植株。可作基肥和追肥，可穴施、沟施或撒施
松达	生物有机肥	有机质≥ 40% 有效活菌数≥ 0.2亿/g 有效菌种： 枯草芽孢杆菌，侧孢短芽孢杆菌	本品由优质有机质复配有益菌而成，能增加土壤有机质含量，提高保水保肥性，为根系生长营造良好的环境。可减少土壤有害菌数量，减轻土传病害、抗重茬。可撒施（撒后翻土）、穴施、沟施
施特优	大量元素水溶肥料	N+P$_2$O$_5$+K$_2$O ≥ 50% B+Zn: 0.2%～3.0% 氮磷钾配比： 12：10：28/25：10：15/17：17：17/12：8：30	本品采用优质原料加工而成，水溶性好，可促进作物根系生长，提高叶绿素含量，增强光合作用，缓解花而不实、小叶卷叶等缺素症。一般稀释1000～1500倍喷施，或稀释1500～2000倍冲施
施它	大量元素水溶肥料	N+P$_2$O$_5$+K$_2$O ≥ 50% B+Zn: 0.2%～3.0% 氮磷钾配比： 14：10：26/24：10：16/17：17：17/10：10：30	本品采用优质原料加工而成，水溶性好，可促进作物根系生长，提高叶绿素含量，增强光合作用，缓解花而不实、小叶卷叶等缺素症。一般稀释1000～1500倍喷施，或稀释1500～2000倍冲施
雨阳	大量元素水溶肥料	N+P$_2$O$_5$+K$_2$O ≥ 60% B+Zn: 0.2%～3.0% 氮磷钾配比： 7：18：35/20：20：20/0：48：32	本品采用高纯度全水溶原料加工而成，具有促进根系生长、提高光合产物积累与转运水平，促进果实增甜着色的功能。一般稀释1000～2000倍喷施，或稀释2000～2500倍冲施

注册商标	产品类型	主要技术指标	主要特征与使用技术
冠顶	大量元素水溶肥料	$N+P_2O_5+K_2O \geqslant 80\%$ $B+Zn$: 0.2%～3.0% 氮磷钾配比： 0：48：32	本品有良好的水溶性，能促进生根、发根，提高光合产物的积累和转运水平，促果实增甜着色。可稀释800～1000倍喷施，稀释1500～2000倍灌根或稀释5000～10000倍冲施、滴灌
络尔	大量元素水溶肥料	$N+P_2O_5+K_2O \geqslant 500g/L$ N：P_5O_2：$K_2O=50$：150：300 $Fe+B+Zn$: 2～30g/L	本品混配性好，抗硬水能力强，附着力好，作物吸收利用快。能促进根系发育、花芽分化、增甜着色，增加果重，提高果实品质。作物全生育期均可使用，可稀释800～1000倍，叶面喷施，也可稀释1500～2000倍灌根、冲施
金美盖 络琦	中量元素水溶肥料	$Ca+Mg \geqslant 190g/L$ $Fe+Mn+Zn+B$：10～19g/L	本品由钙、镁与铁、锰、锌、硼复配而成，可提高光合作用，促进根系生长发育，促进植物开花结实等。一般稀释1000～2000倍喷施
络佳	中量元素水溶肥料	$Ca \geqslant 170g/L$	本品含钙量高，附着力好，作物吸收转化较快，可缓解干烧心、裂果等缺钙症，一般稀释1000～2000倍喷施
壮多 络微	微量元素水溶肥料	$Cu+Fe+Mn+Zn+B+Mo \geqslant 10.0\%$	本品含多种微量元素，吸收好，利用率高，可缓解黄叶、小叶、僵苗、裂果、缩果小果、畸形果、花而不实等缺素症。一般兑水稀释1500～2000倍喷施
国光甲		98%磷酸二氢钾 $P_2O_5 \geqslant 51\%$ $K_2O \geqslant 33.8\%$	本品可促进花芽分化、催花促花，同时提高作物抗不良环境的能力。一般稀释600～800倍喷施
国光朋		99%硼酸 $B \geqslant 17\%$	本品可缓解"花而不实"、落花落果、小果、缩果等缺素症。一般稀释1500～2000倍喷施

注册商标	产品类型	主要技术指标	主要特征与使用技术
稀施美	含氨基酸水溶肥料（微量元素型）	氨基酸≥100g/L Fe+Zn+B≥20g/L	本品含氨基酸及微量元素铁、锌、硼。可缓解黄叶、小叶、簇叶、裂果、曲果、生长发育异常等缺素症。一般兑水稀释800～1000倍喷施
根宝	含氨基酸水溶肥料（中量元素型）	氨基酸≥100g/L Ca≥30g/L	本品含多种氨基酸和钙元素，可增强根系活力，促进根系发达、根多根壮。一般兑水稀释800～1000倍喷施或稀释2000～3000冲施或灌根
冲丰	含氨基酸水溶肥料（微量元素型）	氨基酸≥100g/L Fe+Zn+B≥20g/L	本品能提高光合作用，增强营养吸收与转化，缓解黄叶白叶、落花落果、大小粒、生长不良等缺素症。一般稀释800～1000倍喷施或稀释2000～3000冲施或灌根
茶博士	含氨基酸水溶肥料（微量元素型）	氨基酸≥100g/L Fe+Zn+B≥20g/L	本品含多种氨基酸和微量元素，可增加干物质，增强芽梢持嫩性，改善品质，提升茶叶等级。一般稀释800～1000倍喷施
根莱士 生根园	含腐植酸水溶肥料（大量元素型）	腐植酸≥30g/L， P₂O₅+K₂O≥200g/L	本品由优质矿源腐植酸与磷钾元素复配而成，具有促进根系生长、增强抵抗能力、改土培肥、增甜着色等功能。可稀释800～1200倍冲施或稀释1000～1500倍滴灌
络康	含腐植酸水溶肥料（大量元素型）	腐植酸≥40g/L， N+P₂O₅+K₂O≥350g/L	本品由优质矿源腐植酸与氮磷钾元素复配而成。可增强光合作用，促进植株均衡生长，增强对不良气候的适应能力，提高产量，改善品质。一般兑水稀释800～1500倍喷施
莱绿士	大量元素水溶肥料	N+P₂O₅+K₂O≥60% B+Zn: 0.2%～3.0% 氮磷钾配比： 20∶20∶20	本品由高纯度全水溶原料加工而成，可促进根系生长、叶绿素合成、健壮植株等。一般稀释800～1500倍喷施或稀释2000～2500倍冲施

注册商标	产品类型	主要技术指标	主要特征与使用技术
思它灵	含氨基酸水溶肥料（微量元素型）	氨基酸≥100g/L Fe+Zn+B≥20g/L	本品含小分子氨基酸，植物可直接吸收利用，可促进植物生长，缓解作物生理缺素症，改善品质。一般兑水稀释800～1000倍喷施
跟多	含氨基酸水溶肥料（中量元素型）	氨基酸≥100g/L Ca≥30g/L	本品含多种氨基酸和钙元素，能被根系直接吸收利用，促进根系生长，增强根的布展能力和营养吸收能力。一般兑水稀释800～1000倍喷施
园动力	含腐植酸水溶肥料（大量元素型）	腐植酸≥30g/L，$P_2O_5+K_2O$≥240g/L	本品由腐植酸和磷、钾复配而成。能促进新生根生长，增强根系吸收能力，健壮植株，调节和改善土壤的理化性质。可稀释800～1200倍冲施或稀释1000～1500倍滴灌

注：1. 由于作物种类或品种、生长环境、气候条件、栽培管理方式、植株长势、使用目的等不同，肥料的使用方法、浓度、具体用量等也可能会有所不同，以上介绍的各种肥料使用技术等仅供参考，使用前应咨询相关技术人员，并先小面积试验成功后再扩大使用。

2. N指氮，P_2O_5指五氧化二磷，K_2O指氧化钾，B指硼，Zn指锌，Fe指铁，Ca指钙，Mg指镁，Mn指锰，Cu指铜，Mo指钼。

参考文献

[1] 段留生，田晓莉，2011. 作物化学控制原理与技术. 第2版. 北京：中国农业大学出版社.

[2] 陶波，2014. 除草剂安全使用与药害鉴定技术. 北京：化学工业出版社.

[3] 魏福香，1992. 除草剂药害试验方法. 杂草科学，3: 18-21.

[4] 张洁玉，2013. 植物生长调节剂在蔬菜上产生药害的原因及预防措施. 陕西农业科学，59(6): 296.

[5] 谭伟明，樊高琼，2010. 植物生长调节剂在农作物上的应用. 北京：科学技术出版社.

[6] 王恒亮，等，2019. 除草剂作用机理与药害识别图鉴. 郑州：中原农民出版社.

[7] 郑先福，2013. 植物生长调节剂应用技术. 第2版. 北京：中国农业大学出版社.

[8] 李玲，肖浪涛，2013. 植物生长调节剂应用手册. 北京：化学工业出版社.

[9] 李玲，肖浪涛，谭伟明，2018. 现代植物生长调节剂技术手册. 北京：化学工业出版社.

[10] Lincoln Taiz, Eduardo Zeiger. Plant Physiology (fifth edition). 宋纯鹏，王学路，周云，等，译，2015. 植物生理学. 第5版. 北京：科学出版社.

[11] 鲁传涛，王恒亮，张玉聚，2012. 除草剂药害的预防与补救. 北京：金盾出版社.

[12] 陈铁保，黄春艳，王宇，等，2002. 除草剂药害诊断及防治. 北京：化学工业出版社.

[13] 盛忠雷，张莹，李中林，等，2018. 微环境对茶树扦插枝条生长发育的影响. 农业工程技术，38(32): 24-25.

[14] 谢娟，李俊，谢宪群，2016. 不同浓度赤霉素的施用对茶叶品质的影响. 轻工科技，32(3): 40-41.

[15] 王自布，罗会兰，曹剑峰，2018. 不同磷肥施用量对菊花生理及活性成分的影响. 农业科学研究，39(2):74-77.

[16] 吴秋儿，吉克温，杨为侯，等，1980. 乙烯利对茶树疏花疏果与增产效果的研究. 福建茶叶，1: 13-17.

[17] 张勇飞，谢庆华，2000. 几种主要的马铃薯种薯催芽方法及其操作要点. 种子，3: 46-47.

[18] 谢兰光，1993. 多效唑在马铃薯上的应用. 蔬菜，6: 31.

[19] 蔺海明，邱黛玉，2021. 当归标准化生产技术. 北京：金盾出版社.

[20] 段琦梅，2005. 黄芪生物学特性研究. 杨凌：西北农林科技大学.

[21] 何春雨，张延红，蔺海明，2006. 甘肃道地党参生长动态研究. 中国中药杂志，31(3): 285-288.

[22] 惠娜娜，王立，李继平，等，2015. 8种外源激素对当归抽薹及产量的影响. 甘肃农业

科技，12: 27-30.

［23］刘海娇，李凯明，杨小玉，等，2017. 植物生长调节剂在中药材栽培上的应用. 中国农学通报，33(10): 100-105.

［24］纪瑛，漆琚涛，蔺海明，等，2014. 密度及覆盖方式对直播当归农艺性状和产量的影响. 甘肃农业科技，12: 16-20.

［25］魏雅君，徐业勇，冯贝贝，等，2017. 不同化学疏花剂对杏李果实品质的影响. 新疆农业科学，54(1): 51-59.

［26］赵琪年，李克军，1986. 萘乙酸对蟠桃、大久保疏花疏果效果. 果树，1:47-48.

［27］段志坤，2018. 赤霉素在果树生产上的应用及其注意事项. 果树实用技术与信息，12: 13-16.

［28］王迪轩，2018. 生长促进剂氯吡脲. 农业知识，31: 64.

［29］叶明儿，董朝霞，陈杰忠，等，2016. 植物生长调节剂在果树上的应用. 北京：化学工业出版社.

［30］巩峻豪，陈一宁，车琴琴，等，2020. 苹果矮砧集约栽培化学疏花疏果技术集成与应用. 烟台果树，1: 1-4.

［31］武婷，武之新，徐泽茹，2008. 植物生长调节剂在枣树上的应用. 落叶果树，2: 39-42.

［32］杨立峰，冯春叶，2008. 生长调节物质对大樱桃坐果的影响. 果农之友，11: 8-9.

［33］郭西智，陈锦永，顾红，等，2020. 赤霉酸在葡萄生产中的应用. 果农之友，9: 25-26.

［34］周进华，2016. 赤霉酸和氯吡脲对不同品种果实膨大的品质的影响. 现代农业科技，20: 55-56.

［35］赵茂香，郑伟尉，Hafiz Umer Javed，2021. 赤霉素及噻苯隆处理对'夏黑'葡萄果实品质的影响. 中外葡萄与葡萄酒，1: 19-23.

［36］樊翠芹，张丽，于翠红，等，2016. 0.1%噻苯隆可溶性液剂在巨峰葡萄上的应用效果. 河北农业科学，20(6): 40-45.

［37］邹涛，漆信同，2010. 葡萄裂果症发生的原因及防治措施. 北方果树，1: 23-24.

［38］宋丽华，2021. 葡萄裂果的发生与防治. 现代农村科技，5: 40.

［39］樊翠芹，于翠红，张丽，等，2017. 30%胺鲜酯·乙烯利水剂对巨峰葡萄果实着色和品质的影响. 河北农业科学，21(5): 42-46.